高效种植致富直通车

图说核桃病虫害诊断与防治

孙瑞红　赵登超　蒋丽芬　编

机械工业出版社
CHINA MACHINE PRESS

在核桃生产过程中，会遭受很多病虫害，必须采取相应措施进行防治。编者通过大量图片介绍了核桃15种病害和34种虫害的症状、发生特点和综合防治技术等。另外，书中还介绍了与病虫害防治相关的基本知识、核桃园常用农药及配制方法等，并附有核桃病虫害周年防治历。本书语言通俗易懂，病虫害防治技术先进，实用性强，可帮助果农准确认识核桃物候期、病虫害种类、主要防治措施，达到核桃园病虫害无公害防治目的。

本书可供广大核桃种植人员、技术推广人员使用，也可供农林院校相关专业的师生阅读参考。

图书在版编目（CIP）数据

图说核桃病虫害诊断与防治/孙瑞红，赵登超，蒋丽芬编. —北京：机械工业出版社，2024. 6

（高效种植致富直通车）

ISBN 978-7-111-75494-7

Ⅰ. ①图⋯ Ⅱ. ①孙⋯ ②赵⋯ ③蒋⋯ Ⅲ. ①核桃–病虫害防治–图解 Ⅳ. ①S436.64-64

中国国家版本馆CIP数据核字（2024）第066090号

机械工业出版社（北京市百万庄大街22号 邮政编码100037）

策划编辑：高 伟 周晓伟 责任编辑：高 伟 周晓伟 王 荣

责任校对：王荣庆 牟丽英 责任印制：单爱军

保定市中画美凯印刷有限公司印刷

2024年6月第1版第1次印刷

140mm×203mm・3.75印张・106千字

标准书号：ISBN 978-7-111-75494-7

定价：29.80元

电话服务

客服电话：010-88361066

010-88379833

010-68326294

网络服务

机 工 官 网：www.cmpbook.com

机 工 官 博：weibo.com/cmp1952

金 书 网：www.golden-book.com

机工教育服务网：www.cmpedu.com

高效种植致富直通车

编审委员会

序

园艺产业包括蔬菜、果树、花卉和茶等，经多年发展，园艺产业已经成为我国很多地区的农业支柱产业，形成了具有地方特色的果蔬优势产区，园艺种植的发展为农民增收致富和“三农”问题的解决做出了重要贡献。园艺产业基本属于高投入、高产出、技术含量相对较高的产业，农民在实际生产中经常在新品种引进和选择、设施建设、栽培和管理、病虫害防治及产品市场发展趋势预测等诸多方面存在困惑。要实现园艺生产的高产高效，并尽可能地减少农药、化肥施用量以保障产品食用安全和生产环境的健康离不开科技的支撑。

根据目前农村果蔬产业的生产现状和实际需求，机械工业出版社坚持高起点、高质量、高标准的原则，组织全国20多家农业科研院所中理论和实践经验丰富的教师、科研人员及一线技术人员编写了“高效种植致富直通车”丛书。该丛书以蔬菜、果树的高效种植为基本点，全面介绍了主要果蔬的高效栽培技术、棚室果蔬高效栽培技术和病虫害诊断与防治技术、果树整形修剪技术、农村经济作物栽培技术等，基本涵盖了主要的果蔬作物类型，内容全面，突出实用性，可操作性、指导性强。

整套图书力避大段晦涩文字的说教，编写形式新颖，采取图、表、文结合的方式，穿插重点、难点、窍门或提示等小栏目。此外，为提高技术的可借鉴性，书中配有果蔬优势产区种植能手的实例介绍，以便于种植者之间的交流和学习。

丛书针对性强，适合农村种植业者、农业技术人员和院校相关专业师生阅读参考。希望本套丛书能为农村果蔬产业科技进步和产业发展做出贡献，同时也恳请读者对书中的不当和错误之处提出宝贵意见，以便补正。

中国农业大学农学与生物技术学院

前　言

核桃（*Juglans regia* L.）又名胡桃、羌桃，属胡桃科胡桃属，为国际市场的四大坚果之一。我国是世界核桃起源中心之一，也是核桃第一大生产国，种植面积和产量均位居首位。核桃在我国的栽培历史悠久，是我国重要的木本粮油树种。由于核桃仁富含营养，耐储运，并可以加工成各种食品，历来备受人们重视与喜爱。同时，核桃树适应性和抗逆性强，各地均可栽植，因此我国绝大多数省份都生产核桃。近年来，由于核桃树管理方便、果实价格合理，刺激了核桃产业迅速发展，栽培面积和产量逐年递增。

在核桃生产过程中，由于果园的生态环境相对稳定，有利于多种生物栖居和繁衍，加之果林混植，导致危害核桃的病虫害种类较多，严重影响果树的生长发育、开花结果、果实的产量和品质，造成减产和减收。据调查，核桃常见病虫害有上百种，但主要发生危害的仅有几十种。为了保证核桃树正常生长和结果，提高果实的产量和品质，人们不得不控制这些主要病虫害。识别病虫害和它们的自然天敌，掌握其发生特点和影响因素，采取有效方法方能做到科学控制。

本书以服务于广大核桃树种植管理者和基层技术人员为出发点，在编写内容上力求根据生产实际需要，采用通俗易懂的语言进行叙述，便于读者掌握和操作。书中对目前我国核桃树上发生的主要病害和虫害的症状、发生特点和综合防治技术进行了详述，对核桃树物候期、核桃园主要害虫天敌、常用药剂特点及配制方法进行了简述，配上近 200 幅彩色图片，便于读者识别和理解；对需要特别注意的地方，在文中进行了专门提示。

由于我国核桃种植区域广阔，主栽品种、气候条件和生态环境差异很大，书中描述的病虫发生代数和时间只是大致规律，不能和各地情况一一对应，请读者谅解。另外，由于目前在核桃树上登记的农药品种很少，本书参照苹果、柑橘等大宗果树登记的农药品种，结合编者试验观察和生产上的使用情况，推荐了一些高效、低毒、低残留农药。因为药物的防治效果受温度、湿度、降雨、光照、病虫状态、药剂含量和剂型等多因素影响，而且不同核桃品种和生长发育时期对药剂的敏感度有差异，建议读者结合核桃园实际情况合理用药。

需要特别说明的是，本书所用药物及其使用剂量仅供读者参考，不可照搬。在生产实际中，所用药物学名、常用名和实际商品名称有差异，药物浓度也有所不同，建议读者在使用每一种药物之前，参阅厂家提供的产品说明以确认药物用量、用药方法、用药时间及禁忌等。

本书在编写过程中，参考并引用了许多国内相关书籍和文献中的内容，在此对撰写这些书籍和文献的作者表示诚挚感谢。由于编者水平有限，书中可能有错误和疏漏之处，敬请广大读者和同行专家批评指正。

编　者

目录

附录

参考文献

一、核桃病虫害防治基本知识

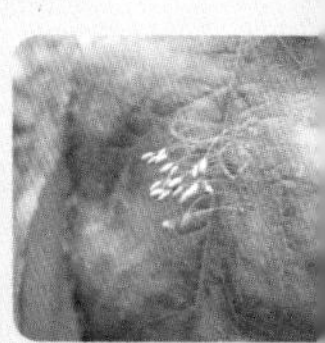

1. 核桃树的物候期 >>>>

物候是指动植物的生长、发育、活动等规律与动植物的变化对节候的反应，正在产生这种反应的时期叫物候期。果树年生长发育周期中的物候期，因栽培地区、品种、类型及年度气候变化而有差异。气温，尤其有效积温是影响物候期的主要因素。核桃物候期主要包括休眠期、萌芽期、发芽期、展叶期、雄花开放期、雌花开放期、果实生长发育期（包括果实速长期、果壳硬化期、油脂迅速转化期、果实成熟期）、落叶期。

（1）休眠期　树体从落叶到萌芽的时期（图 1-1~ 图 1-4）。

图 1-1　休眠期的核桃园

图 1-2　休眠期的核桃枝条

图 1-3　休眠期的雄花芽与叶芽
（孙广清　供图）

图 1-4　休眠期的叶芽
（孙广清　供图）

（2）萌芽期　叶芽的芽体鳞片膨大开裂，顶部显绿的时期（图 1-5 和图 1-6）。

图 1-5　萌芽期雄花芽与叶芽

图 1-6　顶梢叶芽萌发

（3）发芽期　在混合芽或营养芽开裂后，发出新叶，新枝出现并伸长的时期（图 1-7）。

（4）展叶期　新生复叶的叶片开始展平的时期（图 1-8）。

图 1-7　发芽期

图 1-8　展叶期（后期）

（5）雄花开放期　雄花芽膨大，伸长成熟后向外散发花粉的时期（图 1-9）。1 个雄花序的开放期为 2~3 天。

（6）雌花开放期　雌花的花瓣张开接受花粉的时期（图 1-10）。一些品种的雌花有二次花，雌花开放期可延续 6~8 天。

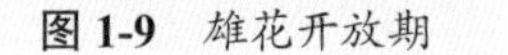

图 1-9　雄花开放期

图 1-10　雌花开放期

（7）果实生长发育期　核桃雌花柱头枯萎到总苞变黄开裂的过程，即核桃果实坐果到成熟的整个过程，称为果实生长发育期。此期的长短因品种和生态条件的变化而异，核桃果实的生长发育大体可分为 4 个时期。

1）果实速长期。是果实生长最快的时期，体积和重量明显增加，体积达到成熟时的 85% 以上（图 1-11），日平均绝对生长量达 1 毫米以上。一般在 5 月初 ~6 月初。

2）果壳硬化期。又称硬核期，是坚果核壳自顶端向基部逐渐硬化的时期（图 1-12）。此时，种核内隔膜和褶壁的弹性和硬度逐渐增加，壳面呈现刻纹，硬度加大，核桃仁逐渐变成嫩白色。一般在 6 月初 ~7 月初。

图 1-11　果实速长期

图 1-12　果壳硬化期（孙广清　供图）

3）油脂迅速转化期。为坚果脂肪（油）含量迅速增加的时期。核桃仁不断充实，重量迅速增加，含水率下降，风味由甜淡变为香脆（图 1-13)。一般在 7 月上旬 ~8 月下旬。

4）果实成熟期。果实总苞（青皮）颜色由绿变黄，果面表面无茸毛的时期（图 1-14)。此时，部分总苞出现裂口，坚果易剥出，表示已经达到充分自然成熟。一般在 8 月下旬 ~9 月上旬。

图 1-13 油脂迅速转化期

图 1-14 果实成熟期

（8）落叶期　秋末叶片正常脱落的时期（图 1-15 和图 1-16)。落叶期常在果实成熟后 1 个月左右，气温偏低的地方往往会提前。

图 1-15 落叶期的叶片

图 1-16 落叶期的树体

2. 核桃病害的分类 >>>>

目前，已知核桃病害有30余种，按照病害可否传播与侵染，将核桃树病害分为侵染性病害和非侵染性病害。

（1）侵染性病害　由致病真菌、细菌、病毒、线虫等生物因子引起的病害称为侵染性病害，如核桃炭疽病、褐斑病、白粉病、根腐病等。侵染性病害绝大多数可以传染，可通过气流、雨水、嫁接、工具、昆虫等传播，发病后有明显的变色、坏死、腐烂、萎蔫、畸形等症状。按照病原微生物的类型分类，分为真菌性病害、细菌性病害、病毒性病害、线虫病等。核桃的多数病害属于真菌性病害，少数属于细菌性病害（核桃黑斑病）。病毒性病害和线虫病极少在我国核桃上发生。美国山核桃丛枝病由类菌原体引起，常被划分为病毒性病害。

（2）非侵染性病害　由非生物因子引起的病害称为非侵染性病害，也叫生理性病害，如日灼、冻害、裂果、缺素、肥害等。该类病害主要由恶劣天气、肥料失衡引起，不能传染。

3. 核桃虫害的分类 >>>>

危害核桃的害虫有多种，根据害虫危害核桃果树部位和方式的不同，把核桃害虫分为食叶害虫（蚜虫、尺蠖、刺蛾、叶螨）、枝干害虫（天牛、蠹蛾、黑蚱蝉）、蛀果害虫（核桃举肢蛾、桃蛀螟、核桃长足象）。根据害虫的口器和取食方式，又把害虫分为刺吸式害虫和咀嚼式害虫。

（1）刺吸式害虫　刺吸式害虫是指那些拥有细长针状刺吸式口器的害虫，如蚜虫、介壳虫、黑蚱蝉（图1-17）、叶蝉、蝽、螨类等。这类害虫先用尖细的口器刺破植物细胞，然后吸取其汁液，在受害部位常出现各种颜色的斑点或畸形，如引起叶片褪绿、果实畸形、枝条干枯等。防治该类害虫适合选用内吸性杀虫剂。

（2）咀嚼式害虫　咀嚼式害虫是指拥有咀嚼式口器的一类害虫，这种口器和人的嘴巴有些类似，具有上下唇和坚硬的上下颚（牙齿）。这类害虫都咬食固体食物，危害核桃树的叶、花、果实和枝干，造成缺刻、孔洞、折断、钻蛀茎秆等，如尺蠖、核桃举肢蛾、刺蛾、毛虫（图 1-18）等害虫的幼虫，金龟子类、天牛类的成虫和幼虫。防治该类害虫适合选用胃毒性杀虫剂。

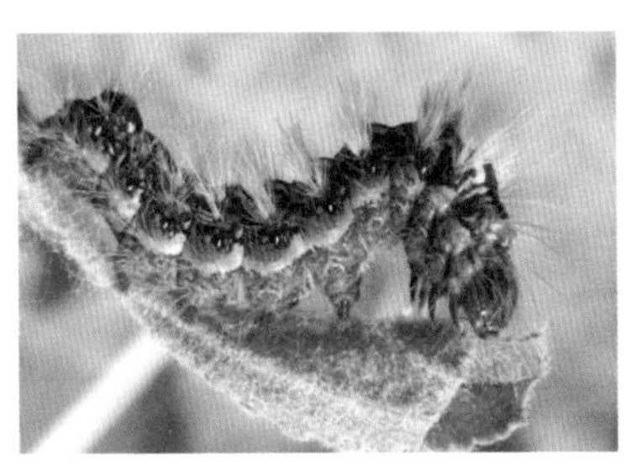

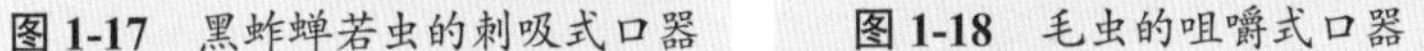

图 1-17　黑蚱蝉若虫的刺吸式口器

图 1-18　毛虫的咀嚼式口器

4. 影响核桃病虫害发生的主要因素 >>>>

病原微生物和害虫的生长发育和繁殖必须在适宜的寄主果树和生活环境条件下才能正常完成，因此影响核桃病虫害发生的三大因素为病虫来源、寄主果树、环境条件。

（1）病虫来源　核桃病虫害必须要有大量的侵染力强的病原体或害虫存在，并能通过一定途径很快传播到核桃树上，才能造成广泛的侵染和繁殖。病原体（害虫）越冬的数量是第 2 年进行初侵染的基础，同年繁殖的后代是加重危害的主力军。

（2）寄主果树　在核桃园，病原体（害虫）的适宜食物就是核桃树的各个部位，不同病原体（害虫）常危害核桃树的不同部位。不同品种对病虫害的抵抗能力也不同，如薄壳核桃不抗炭疽病，厚壳核桃比较抗炭疽病。所以，大面积（单一）连片种植易感品种是病虫害快速流行的先决条件。

（3）环境条件　对核桃病虫害发生和繁育影响较大的环境条件主要包括 3 类。

1）气候和土壤。主要指温度、湿度、光照，以及土壤结构、含水量、通气性等。因为病原微生物传播、生长和繁殖需要在合适的温度和湿度条件下完成，所以核桃园内高温、高湿有利于多种病害的发生，如黑斑病、炭疽病、溃疡病等。多数病原微生物可被强太阳光和紫外线杀死，所以果园通风透光既可以降低果园内的温度和湿度，又可以利用太阳光杀菌，预防真菌性和细菌性病害发生。另外，春季低温冻害（图1-19和图1-20）和生长季节冰雹损伤（图1-21和图1-22），也有利于病原微生物侵染和发病。土壤盐碱和板结不利于核桃树根系生长发育和吸收铁元素，容易导致缺铁性黄叶病发生。

图1-19　春季冻坏的新梢和雄花

图1-20　春季冻坏的雌花

图1-21　被冰雹砸伤的枝条

图1-22　被冰雹砸伤的果实

2）生物环境。包括昆虫、微生物、中间寄主（其他植物）等。核桃园内有很多昆虫、蜘蛛和微生物，它们有益害之分。其中，危害核桃的昆虫、蜘蛛和病原微生物被称为有害生物，也就是我们常说的病虫害。而那些以有害生物为食物的昆虫、蜘蛛和微生物被称为有益生物，也叫天敌生物、昆虫天敌、生防菌，如瓢虫、草蛉、

捕食螨、寄生蜂、白僵菌、绿僵菌等。另外，还有一些帮助果树传粉的昆虫，如蜜蜂、壁蜂等，也被称为益虫。

核桃园周围和园内种植的其他植物也影响核桃病虫害的发生。例如，核桃园内和周围种植花生、大豆，容易招引金龟子；种植向日葵、玉米、蓖麻，容易招引桃蛀螟危害核桃果实。桃蛀螟还危害桃、板栗、山楂、杏等果实，如果这些果树与核桃混栽，也会引起桃蛀螟对核桃的危害。

3）管理措施。如种植方式（重茬、间作等）、栽植密度、施肥、浇水、修剪管理等。核桃树不能重茬栽植，易发生根腐病、缺素症等。核桃树种植过密或修剪不合理，均不利于通风透光，造成温度和湿度较高，容易引起多种病害发生加重。多施速效氮肥有利于果实膨大和增产，但会使核桃树的抗病虫害能力降低；多施富有全营养的有机粪肥，可以增强树体抗病性，治疗缺素症。田间精细管理，能及时发现病虫害，于发生初期及早防治，控制病虫害的暴发与流行。

还有，在防治核桃树病虫害时，不合理用药会杀伤自然天敌和促进病原微生物和害虫产生抗药性，导致一些病虫害暴发和猖獗危害。除草剂使用不当，会引起药害，影响核桃坐果，甚至叶枯、枝枯或死树（图 1-23 和图 1-24）。

图 1-23 百草枯药害（整株）

图 1-24 百草枯药害（叶片和枝条）

5. 核桃病虫害的监测方法 >>>>>

核桃病虫害监测就是系统、准确地观察、记录病虫害发生动态与程度，以便为及时高效防控病虫害提供准确信息。目前，常用的病虫害监测方法如下。

（1）性诱法　根据雌性害虫分泌信息素吸引雄虫前来交尾的特点，仿生合成性诱剂，用于监测害虫发生时间与数量的方法。性诱剂常与诱捕器配合使用，目前该方法可以用来监测桃蛀螟、金龟子、天牛等害虫。

（2）光诱法　根据部分害虫具有趋光的特性，研制了测报灯，用于夜间诱集害虫的方法。该方法可用于监测金龟子、桃蛀螟、刺蛾、大蚕蛾等大部分核桃害虫。目前使用较多的是太阳能杀虫灯，并常与物联网结合，远程观察每天诱到的害虫种类和数量。

（3）物候法　由于病原微生物和害虫与核桃树的长期相互影响与寄生关系，一些病虫害的发生时间与核桃树的物候期具有同步性，所以通过观察核桃树的物候期可以大体预知一些病虫害的发生时间。例如，核桃黑斑蚜以卵在枝杈、叶痕等处的树皮缝内越冬，第2年春季核桃萌芽期越冬卵孵化，核桃黑斑蚜开始危害幼芽嫩叶；核桃举肢蛾越冬代成虫在核桃果实生长发育初期出来，在果实表面产卵。

（4）病害预测　根据病害流行的规律和引发其出现的有关条件推测某种病害在今后一定时间内流行的可能性。病害预测的依据因不同病害的流行规律而异。通常来说，主要依据病原微生物的生物学特性、侵染过程和侵染循环的特点，病害流行前核桃树的感染状况与病原微生物的数量，还有病害发生与环境条件的关系、当地的气象预报等情况。对这些情况掌握得越准确，对病害的预测也越可靠。目前，个别果园安装了小型气象站与病菌孢子捕捉器，通过综合分析各因素预测病害发生的可能性与流行程度。但是，对于病害的准确发生时间和程度尚需人工定期进行树上观察记录。

6. 核桃病虫害的防治方法 >>>>>

（1）植物检疫　植物检疫就是国家以法律手段制定出一整套

法令规定，由专门机构（检疫局、检疫站、海关等）执行，对应接受检疫的植物和植物产品进行严格检查，控制有害生物传入或带出及在国内传播，是用来防止有害生物传播蔓延的一项根本性措施，又称为法规防治。作为核桃树种植者，不应从检疫性病虫发生区（疫区）购买和调运苗木、接穗、果品，以防将这些危险性病虫带入，导致其在新的种植区（非疫区）危害，给核桃生产带来新困难，同时也影响果品和苗木向外销售调运。国家各检疫部门和有关检疫的网站上都有检疫性病虫名录和疫区分布，需要时可上网查询，或到附近的植物检疫机构询问。

（2）农业防治　农业防治是指在有利于核桃树体健康生长的前提下，通过改变栽培制度、选用抗（耐）病虫害品种、加强栽培管理及改善生长环境等措施抑制或减轻病虫害的发生。通常采用轮作、清洁果园、施肥、浇水、翻土、修剪和合理除草等方法消灭病虫害，或根据病原微生物和害虫发生特点进行人工捕杀、摘除病虫叶或果消灭病虫害。在核桃生产中农业防治方法用得很多，几乎每种病虫害的防治都能用到，如选择栽植抗病品种、冬季清理树下落叶和落果及修剪的枝条（因为一些病原微生物和害虫在上面越冬，见图 1-25~ 图 1-28）、及时剪除病虫枝和果实；人工捕杀天牛、茶翅蝽、金龟子、舟形毛虫、刺蛾等；合理施肥和浇水，以增强树体抵抗病虫害和不良环境的能力；合理密植和修剪，增强树体通风透光性，降低湿度；树下种植覆盖植物控制杂草（图 1-29~ 图 1-31），培肥土壤，蓄养天敌等，抑制病虫害发生。

图 1-25　冬季核桃落叶

图 1-26　冬季核桃落果

图 1-27 修剪下的核桃枝条

图 1-28 清扫核桃落叶

图 1-29 核桃园种植的诸葛菜

图 1-30 核桃园种植的长柔毛野豌豆（苗期）

图 1-31 核桃园种植的长柔毛野豌豆（花期）

（3）物理防治　物理防治是指利用简单的工具和各种物理因素，如器械、装置、光、热、电、温度、颜色、放射能、声波、气味等防治病虫害。在核桃园常用的方法：枝干上缠塑料带（图 1-32）阻隔草履蚧、山楂叶螨越冬成虫、黑蚱蝉若虫上树；核桃瘤蛾幼虫喜欢在干翘皮、草丛、落叶中越冬，可在果实采收后，在树干绑缚松散的草绳，诱杀幼虫；利用高热处理土壤灭杀其中生活的害虫、病菌、线虫、杂草种子等。利用昆虫成虫的趋光性，在园内安装太阳能杀虫灯（图 1-33），诱杀鳞翅目、鞘翅目、双翅目、半翅目、直翅目等害虫的成虫，都有良好的诱杀效果；对于有趋化性的金龟子、桃蛀螟，可悬挂糖醋液或性诱剂诱杀（图 1-34）。

图 1-32　枝干缠塑料带

图 1-33　太阳能杀虫灯

图 1-34　水盆式诱捕器

（4）生物防治　生物防治是指利用自然天敌生物防治病虫害，如以虫治虫、以菌治虫、以鸟治虫、以螨治螨、以菌抑菌等，或利用植物源、动物源药剂防治病虫害。目前，由于人工繁殖天敌数量有限，生物防治应以保护自然天敌为主，同时释放补充天敌控制病虫害。核桃园常见的天敌昆虫有瓢虫（图1-35~图1-38）、草蛉（图1-39~图1-41）、螳螂（图1-42~图1-44）、寄生蜂（图1-45）。另外，还有蜘蛛（图1-46）、灰喜鹊等害虫天敌生物。果园自然生草和种植蜜源植物，有利于招引传粉昆虫、自然天敌和丰富土壤微生物，目前已被很多果园采用。

图1-35 龟纹瓢虫成虫交尾（孙广清 供图）

图1-36 异色瓢虫成虫

图1-37 异色瓢虫卵

图1-38 异色瓢虫幼虫

图1-39 草蛉成虫

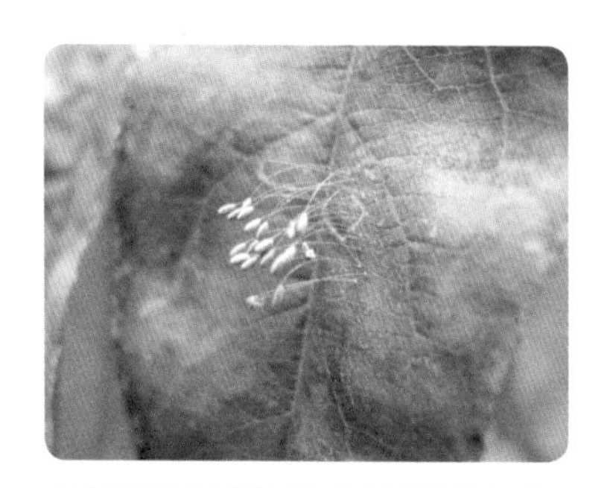

图 1-40　草蛉卵（近孵化期）

图 1-41　草蛉幼虫

图 1-42　螳螂卵块（螵蛸）

图 1-43　螳螂若虫

图 1-44　螳螂成虫

图 1-45　一种寄生蜂（绒茧蜂）的茧

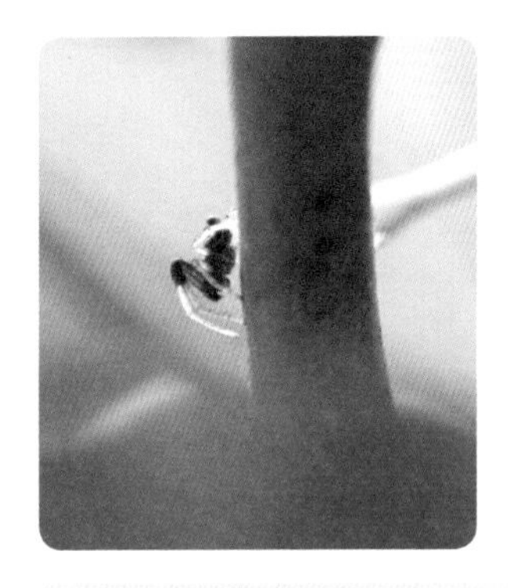

图 1-46 核桃园常见蜘蛛（孙广清 供图）

（5）化学防治 化学防治又叫药剂防治，是指利用化学药剂的毒性防治病虫害。目前，化学防治是控制果树病虫害的常用方法，也是综合防治中的一项重要措施，它具有快速、高效、方便、限制因素小和便于大面积使用等优点。但是，如果化学农药使用不当，便会引起人畜中毒、污染环境、杀伤有益生物、造成农药残留和药害等；长期单一使用某种化学药剂，还会导致目标病原微生物和害虫产生抗药性，增加防治难度。所以，在防治核桃树病虫害时，应选用高效、低毒、低风险的化学农药，适时、适量、适法、适械精准使用，并及时轮换、交替或合理混合使用，防止病原微生物和害虫快速产生抗药性而失去药效、污染果品和环境等。

农药的使用必须遵循：

① 根据不同防治对象，选择国家已经登记的有关核桃树的农药品种，请到“中国农药信息网”（http：//www.chinapesticide.org.cn）查询登记农药信息。

② 根据防治对象的发生情况确定施药时间，在其对药剂敏感期适时用药。

③ 仔细阅读说明书上的所有信息，正确掌握用药量和药液浓度，掌握药剂的配制和稀释方法，保证准量使用，避免浪费和产生药害。

④ 根据农药的特性和病虫害的发生特点，选用性能良好的喷雾

器械和适当的施药方法（图 1-47），做到用药均匀，准确覆盖防治靶标，提高防治效果。

⑤ 轮换或交替使用作用机理不同的农药，避免病原微生物和害虫产生抗药性。

⑥ 防止盲目混用、滥用化学农药，避免人畜中毒、造成药害和降低药效等。

⑦ 及时关注国家发布的有关农药使用的相关规定。严禁在果树上使用国家禁用的福美胂、退菌特、杀扑磷、甲胺磷、水胺硫磷、对硫磷（1605）、甲基对硫磷、三氯杀螨醇、甲拌磷（3911）、毒死蜱、克百威、百草枯等高毒和长残效农药；严禁在核桃树开花期喷洒杀虫剂伤害传粉昆虫，如阿维菌素、吡虫啉、噻虫嗪、拟除虫菊酯类和有机磷类杀虫剂等对蜜蜂有毒；严禁在核桃树花期向园内地面和周边农田喷洒除草剂而伤害核桃花、核桃树，影响坐果和枝叶生长；严禁在安全间隔期和采收期使用农药而影响果品质量安全。根据国家规定，应在施药后妥善处理农药包装品、倾倒剩余药液和清洗液（中华人民共和国农业农村部 生态环境部令 2020 年第 6 号《农药包装废弃物回收处理管理办法》），以及做好施药人员和器械的安全防护。

图 1-47 核桃园树上喷药

7. 核桃园常用农药

截至2023年年底，国内在核桃上登记的农药产品共31个，主要有效成分是甲氨基阿维菌素苯甲酸盐、氯氰菊酯、石硫合剂、喹啉铜、肟菌·戊唑醇、金龟子绿僵菌CQMa421、苯醚·咪鲜胺、胺鲜·乙烯利，分别用于防控核桃举肢蛾、刺蛾、扁叶甲、尺蠖、溃疡病、白粉病、枯梢病和青核桃脱皮。未来根据核桃生产需要，国家还会逐渐增加登记新的农药产品，供核桃种植者选用。登记产品会定期在中国农药信息网及时发布，大家可以上网查询，以便依法科学用药。

（1）石硫合剂　石硫合剂是无机硫杀菌、杀虫剂，是由硫黄、生石灰、水（1∶2∶10）混合熬制而成的深红棕色液体（图1-48和图1-49）。石硫合剂具有渗透和侵蚀病菌及害虫表皮蜡质层的特性，喷洒后在植物体表形成一层药膜，保护植物免受病菌侵害，适合在植株发病前或发病初期喷施。此药剂防治谱广，不仅能防治核桃炭疽病、黑斑病、褐斑病等，对介壳虫也有效。它低毒、安全，是生产绿色和有机果品时允许使用的一种药剂。熬制石硫合剂剩余的残渣可以配制成保护树干的白涂剂，能防止日灼和冻害，兼有杀菌、治虫等作用。白涂剂的配制比例为：生石灰∶石硫合剂（残渣）∶水＝5∶0.5∶20，或生石灰∶石硫合剂（残渣）∶食盐∶动物油∶水＝5∶0.5∶0.5∶1∶20。

图1-48　正在熬制的石硫合剂

图1-49　熬制好的石硫合剂

石硫合剂的熬制方法：必须用生铁锅熬制，使用铜锅或铝锅会影响药效。先称量好优质生石灰（块状）放入锅内，加入少量清水使生石灰消解，然后加足水量，加热烧开后滤出残渣，再把事先用少量热水调制好的硫黄糊自锅边慢慢倒入，同时进行搅拌，并记下水位线。继续加火熬煮，沸腾时开始计时，保持沸腾40~60分钟，熬煮中损失的水分要用热水补充，在停火前15分钟加足水到水位线。当锅中溶液呈深红棕色，残渣呈蓝绿色时，则可停火完成熬制。经过冷却、过滤或沉淀后，上清液即为石硫合剂母液。

（2）波尔多液　波尔多液是无机铜素杀菌剂，由硫酸铜、熟石灰和水科学混合配制而成的天蓝色胶状悬浮液，配料比可根据需要适当增减。生产上常用的波尔多液比例有：波尔多液石灰等量式（硫酸铜：生石灰=1：1）、倍量式（1：2）、半量式（1：0.5）和多量式［1：(3~5)］。用水量一般为其用量的160~240倍。波尔多液呈碱性，有良好的黏附性，但久放后物理性状易被破坏，宜现配现用。它属于保护性杀菌剂，通过释放可溶性铜离子而抑制病原菌孢子萌发或菌丝生长，应在果树发病前均匀喷洒使用。波尔多液杀菌谱广，持效期长，可用于防治核桃炭疽病、黑斑病、褐斑病、溃疡病等多种真菌性和细菌性病害。它高效、低毒、安全，是生产绿色和有机果品时允许使用的药剂。

波尔多液的配制方法：硫酸铜、生石灰的比例及加水量，要根据树种或品种对硫酸铜和石灰的敏感程度（对铜敏感的少用硫酸铜，对石灰敏感的少用生石灰），以及防治对象、用药季节和气温的不同而定。选质量纯正、色白的块状生石灰（图1-50）和优质的蓝色结晶硫酸铜（图1-51）。配制容器不能选用金属器皿，以防被腐蚀，应选用塑料和陶瓷容器。把配制波尔多液的用水平均分成2份，一份用于溶解硫酸铜，另一份溶解生石灰，待二者完全溶解后，再将二者同时缓慢倒入备用的同一容器内，边倒边搅拌，使其迅速混合均匀。也可用总水量10%~20%的水溶解生石灰，80%~90%的水溶解硫酸铜，待其充分溶解后，将硫酸铜溶液缓慢倒入石灰乳中，边倒边搅拌即成波尔多液。但切不可将石灰乳倒入硫酸铜溶液，否则配制的波尔多液质量不好。

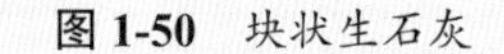

图 1-50　块状生石灰

图 1-51　硫酸铜

（3）喹啉铜　喹啉铜是一种低毒、高效、广谱性杀菌剂，具有保护和治疗作用，可用于叶面喷雾、枝干涂抹等。它能有效防治核桃溃疡病、黑斑病、炭疽病等多种真菌和细菌性病害。1 年最多使用 2 次。

（4）肟菌 · 戊唑醇　肟菌 · 戊唑醇是一种广谱、高效、内吸性杀菌剂，具有预防、治疗作用，能有效防治核桃溃疡病、褐斑病、炭疽病等多种真菌性病害。

（5）金龟子绿僵菌 CQMa421　金龟子绿僵菌 CQMa421 属于微生物农药，是最新一代环保、广谱、高效的真菌活体杀虫剂。绿僵菌孢子由昆虫体壁进行主动入侵而感染不同昆虫，在昆虫血腔中可进行酵母状繁殖，产生大量虫菌体，同时产生杀虫毒素，抑制昆虫免疫，加速杀虫。金龟子绿僵菌 CQMa421 寄主范围广，致病力强，能够侵染鳞翅目、鞘翅目、同翅目、半翅目、直翅目和双翅目的 20 多种害虫，与多种杀虫剂、杀菌剂有良好的兼容性。它可用于防治核桃尺蠖、刺蛾、蛴螬（金龟子幼虫）等。

8. 药液配制方法 >>>>

采用喷雾方法防治病虫害时，须先将农药用水稀释成一定浓度的药液，均匀喷洒，方可发挥药剂防病杀虫的效果。药液浓度经常用 3 种方式表示。

（1）倍数浓度　这是喷洒农药最常用的一种表示方法。所谓 × × 倍液，是指水的用量为药剂用量的 × × 倍。配制时，可用下列公式计算：

药剂用量（毫升或克）= 稀释后的药液量（升或千克）×1000÷稀释倍数

例 1：配制 2.5% 溴氰菊酯乳油 2000 倍液 300 升，需要量取药剂多少毫升？

药剂用量 =300 升 ×1000÷2000（倍数）=150 毫升

配制药液时，用量筒或量杯量取 2.5% 溴氰菊酯乳油 150 毫升，然后加入 300 升清水中，搅拌均匀即成稀释 2000 倍的药液。

例 2：配制 75% 甲基硫菌灵可湿性粉剂 600 倍液 15 千克，需要称量多少药剂？

药剂用量 =15 千克 ×1000÷600=25 克

配制药液时，用天平称量 75% 甲基硫菌灵可湿性粉剂 25 克，然后倒入 15 千克水中，搅拌均匀即成稀释 600 倍的药液。

（2）有效成分用量　现在用毫克 / 千克表示，过去用百万分比浓度“ppm”表示，也叫百万分之一含量。

例 3：配制 25 毫克 / 千克的赤霉酸药液 15 千克，配制时选用药剂为 20% 赤霉酸可溶性粉剂，需要如何配制？

称取药剂量（克）=15×1000÷（20×10000÷25）=1.875（克）

注意　公式中 15×1000 是把 15 千克药液转换为克计量，20×10000 是把 20% 转换为毫克 / 千克计量，25 毫克 / 千克为需要配制的药液浓度，（20×10000÷25）相当于计算的药剂稀释倍数。

配制药液时，用天平称量 1.875 克的 20% 赤霉酸可溶性粉剂，然后加入到 15 千克水中，搅拌均匀即成 25 毫克 / 千克的赤霉酸药液。

（3）百分比浓度　百分比浓度表示法是指农药的百分比含量。例如，15% 哒螨灵乳油就是指 100 毫升中含哒螨灵原药 15 毫升；0.3% 硼砂（硼酸钠）溶液是指在 100 千克清水中含有 0.3 千克的纯硼砂。

例 4：如果将含量为 90% 的硼砂稀释，配制成 0.3% 硼砂溶液

50千克，该如何配制呢?

第一步：计算需要称量多少克的90%硼砂。

硼砂用量（克）=（50×1000）÷（90%÷0.3%）≈166.7（克）

第二步：用天平称量90%硼砂166.7克。

第三步：把称量好的硼砂加入50千克清水中，搅拌至硼砂全部溶解后即成0.3%硼砂溶液。

配药需要的常用称量器具有塑料量杯（图1-52）、玻璃量筒（图1-53）、电子天平（图1-54）等。

图1-52 塑料量杯

图1-53 玻璃量筒

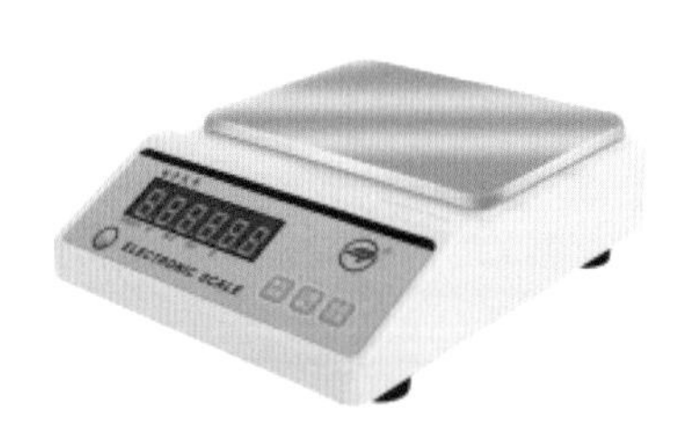

图1-54 电子天平

二、核桃病害

1. 核桃黑斑病

核桃黑斑病又名核桃细菌性黑斑病、核桃黑、黑腐病，为黄单胞杆菌（*Xanthomonas campestris*）引起的细菌性病害。该病害在国内核桃栽植区普遍发生，特别是薄壳核桃香玲发病最重，严重影响核桃产量和品质。

【症状】 核桃黑斑病主要危害叶片、新梢、果实及雄花。叶片上的病斑较小，沿叶脉形成褐色多角形病斑。1 片叶上病斑较多时相互连接在一起，影响光合作用，导致全叶枯焦脱落。枝梢上的病斑为褐色条形斑，稍凹陷，严重时病斑包围枝条 1 圈导致病斑以上部分枯死。果实初发病时在表皮上出现小而稍隆起的褐色软斑，后迅速扩大并逐渐凹陷变黑，外围有水渍状晕纹，核桃仁变黑腐烂，故称之为核桃黑（图 2-1~ 图 2-4）。

图 2-1 核桃黑斑病发生初期病斑

图 2-2 核桃黑斑病病斑开始相连

图 2-3 核桃黑斑病发生后期病斑

图 2-4 核桃黑斑病导致的果实脱落

【发病特点】核桃黑斑病的病原菌一般在病枝的枝梢、病果和芽内越冬，第2年春季天气潮湿时分泌出细菌液，借风、雨、昆虫传播，从皮孔和各种伤口侵入幼果、叶片、嫩枝，可反复多次侵染。核桃黑斑病的发生程度与温度和湿度关系密切，温度高、湿度大的雨季是发病的高峰期，干旱年份发病较轻。核桃栽植密度大，树冠郁闭，通风透光不良，则发病重。核桃蚜虫、举肢蛾等害虫侵害叶片和果实造成伤口，有利于核桃黑斑病病原菌侵染，促进核桃黑斑病的发生。不同核桃品种之间，对该病害的抗性程度有差异，新疆核桃在其他地区发病重于本地核桃品种，薄壳核桃香玲、纸皮、中林易发生核桃黑斑病，厚壳核桃品种较抗该病，如礼品2号、清香、丰辉、陕核1号、辽核4号、元林等。

【防治方法】

1）农业防治。在潮湿地区选用抗病品种；注意稀植，合理修剪，保持树冠通风透光。在核桃树体休眠期，结合冬季修剪，剪除病果和枯枝，彻底清除园内枯枝落叶和落果，集中烧毁或深埋沤肥，减少越冬病原菌源。

2）化学防治。及时喷药防治害虫，防止害虫传播病原菌和造成伤口。发芽前，用5波美度石硫合剂均匀喷洒整个树体，灭杀越冬菌。生长期喷1~3次1∶0.5∶200的半量式波尔多液或喹啉铜等治疗细菌性病害的药剂，在雌花开放前后及幼果期各喷1次。果实生长发育期，结合防治蚜虫和核桃举肢蛾喷洒2次春雷霉素，每次间隔10~15天。

2. 核桃炭疽病 >>>>

核桃炭疽病是危害核桃的一种重要真菌性病害，致病菌为胶孢炭疽菌（*Colletotrichum gloeosporioides*）。该病害广泛分布在新疆、山东、陕西、河北、辽宁、河南、山西、浙江、云南等核桃种植区，严重影响核桃产量和品质。

【症状】核桃炭疽病主要危害核桃的果实、叶片和芽。果实发病初期，果皮上出现褐色至黑褐色小病斑，呈圆形或近圆形（图2-5），后病斑扩大变黑且中央稍凹陷，病斑中央有许多褐色至黑色小点产生（图 2-6），有时呈同心轮纹状排列。发病后期湿度大时，病斑上的小黑点分泌粉红色黏状物（图 2-7），这是病原菌的分生孢子盘及分生孢子团。发病严重的果实腐烂，核桃仁不可食用。

核桃炭疽病在叶片上的病斑形状不规则，较大的病斑上有黑点组成的同心圆纹，病斑多时相连成片，导致叶片枯黄脱落。核桃苗和幼树、芽、嫩枝感染后，常从顶端向下枯萎，叶片呈烧焦状脱落（图 2-8）。

图 2-5 核桃炭疽病发病初期

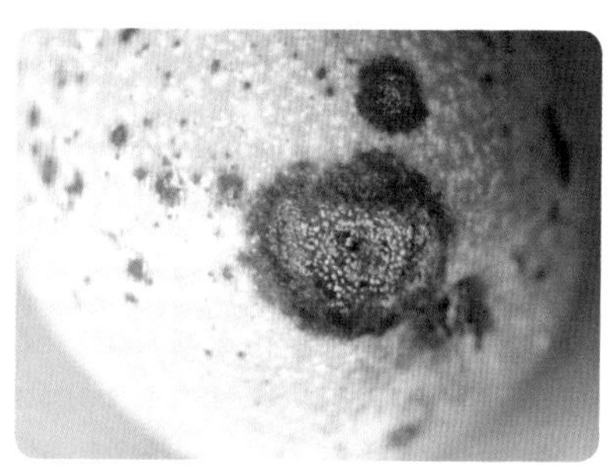

图 2-6 核桃炭疽病发病中期

图 2-7 核桃炭疽病发病后期

图 2-8 核桃炭疽病侵染核桃苗

【发病特点】核桃炭疽病的致病菌属于真菌，主要在病果、病叶、鳞芽上越冬。第 2 年春季天气温暖潮湿时，越冬菌产生分生孢子，通过风、雨、昆虫等传播，从伤口和自然孔口侵入叶片、果实，侵染后不立即发病，经过一段时间的潜伏后发病。幼叶先发病，然后果实发病。在山东，7月中旬前核桃炭疽病发生程度很轻，7月中旬后病果率逐步提高，8月为核桃炭疽病发生盛期，并可多次重复侵染。发病的早晚、轻重与降雨密切相关，在雨季早、雨水多的年份，核桃炭疽病发病早且严重。通风透光不良的核桃园，容易高温高湿，发病更加严重。发病的轻重也和品种有关，早实薄壳核桃容易发生，晚实厚壳核桃发病较轻，香玲发病最重，风优1号、云南漾濞大泡、美国山核桃、云新核桃和辽核1号发病较轻，铁核桃发病最轻。

【防治方法】

1）农业防治。结合休眠期修剪和清园，将僵果、病枝叶集中起来深埋或烧毁。夏季保持核桃树冠通风透光，降低温度和湿度，减少发病。6~8月及时摘除树上病果和捡拾落果，集中起来烧毁，防止病原菌再侵染。

2）化学防治。发芽前在树上喷施1次5波美度石硫合剂。核桃花谢后，树上依次喷洒75%肟菌·戊唑醇水分散粒剂1000倍液、1∶2∶200波尔多液、45%咪鲜胺水乳剂2000倍液，可以有效防治果实炭疽病。

提示　45%咪鲜胺水乳剂在防治其他果树炭疽病上有登记，目前尚未在核桃上进行登记。可关注中国农药信息网上有关核桃的农药登记信息。

3. 核桃仁霉烂病 >>>>

核桃仁霉烂病是由多种致病菌引起的一种较为常见的病害，发生严重时可导致核桃仁发霉、变黑、变苦。

【症状】核桃仁发病后，核桃壳的外表症状并不明显，但重量减轻，剥开核桃壳后，往往可见核桃仁干瘪，或部分变成黑色、味苦（图2-9），严重者在其表面生长一层青绿色或粉红色，甚至黑色的霉层（图2-10）。

图 2-9　核桃仁霉烂病变黑症状

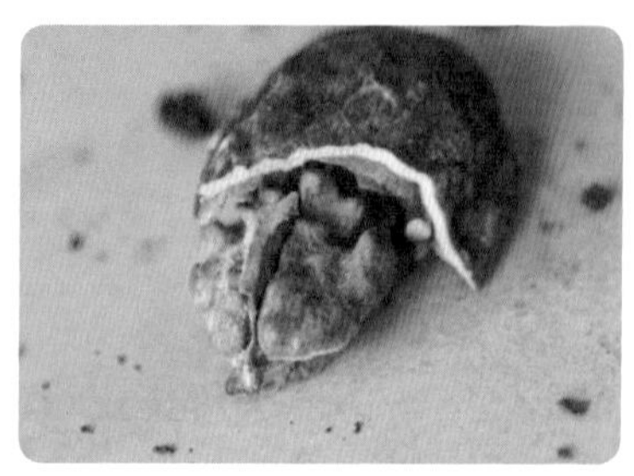

图 2-10　核桃仁霉烂病发霉症状

【发病特点】核桃仁霉烂病主要由细菌、炭疽菌及一些常见的真菌类致病。致病菌以菌丝和分生孢子在病果、病叶、鳞芽中越冬。第 2 年，分生孢子借风、雨、昆虫等传播，从伤口、虫孔、自然孔口等多处侵染。发病的早晚和轻重，与高温高湿有密切关系，雨水早且多、湿度大，会造成发病早且严重。植株行距小、通风透光不良则发病重。一般新疆品种较易感，尤其是阿克苏库车产的薄壳类型的核桃特别易感。晚熟型核桃抗病。核桃举肢蛾发生多的核桃园发病也重。

【防治方法】核桃采收后立即脱皮晾晒干，贮藏前剔除虫蛀果实，存放核桃的房屋和包装袋等用硫黄密封熏蒸，贮藏期应保持低温和通风，防止潮湿。

4. 核桃褐斑病 >>>>

核桃褐斑病又称褐色顶端坏死病，会造成核桃落叶、落果，在四川核桃产区普遍发生，严重阻碍了核桃产业的健康发展。

【症状】核桃褐斑病主要发生于叶片，也危害果实。叶片感染后，出现不规则的黑褐色病斑（图 2-11），后期病斑变大（图 2-12），叶片掉落。发病初期，果实出现大小不均匀、形状不规则的多个小黑点，然后小黑点逐渐变大连成一片，形成较大黑褐色斑。果实发病后期，黑褐色斑更大且凹陷，黑褐色斑中部潮湿，大多有黑水流出，并且在黑褐色斑上可见白色菌丝，果实提前掉落。

图 2-11　核桃褐斑病发病初期

图 2-12　核桃褐斑病发病后期

【发病特点】 核桃褐斑病的病菌属于真菌，以分生孢子在被害落叶上越冬。第 2 年春夏之际，病原菌孢子随风、雨传播，侵染叶片和果实。果实在硬核前易被病原菌侵染，晚春初夏多雨时发病重。不同品种之间对核桃褐斑病的敏感性有差异，辽核 1 号和鲁光比较抗核桃褐斑病，香玲、新疆核桃、川核 1 号是中抗病性品种，西扶 2 号、硕星、川核 2 号易感。

【防治方法】

1）农业防治。栽植抗病品种，加强田间综合管理，增强树势，提高抗病力。特别要重视改良土壤，增施有机肥料，改善通风透光条件。及时清除病枝、病叶，集中深埋或烧毁。

2）化学防治。在核桃褐斑病发病前和初期，用 45% 咪鲜胺水乳剂 1000 倍液和 50% 异菌脲可湿性粉剂 600 倍液或 25% 咪鲜胺水乳剂 100 倍液和 80% 多菌灵可湿性粉剂 1000 倍液均匀喷洒叶片和果实。

提示　咪鲜胺、异菌脲、多菌灵在防治苹果斑点病等上有登记，目前尚未在核桃上进行登记。可关注中国农药信息网上有关核桃的农药登记信息。

5. 核桃白粉病 >>>>

核桃白粉病是我国核桃的重要叶部病害之一，在各核桃产区都有发生，发生严重时可造成早期落叶，影响树体生长和核桃产量。

【症状】核桃白粉病主要危害核桃叶片，还可危害核桃苗嫩芽和新梢。发病初期，叶面产生褪绿（图2-13）或黄色斑块，严重时叶片扭曲、皱缩，嫩芽不能展开。随后，在叶片正面或反面出现白色粉层（图2-14），即致病菌的菌丝。后期粉层上产生褐色至黑色小粒点，好像病叶表面长了一薄层污灰色粉状物（图2-15）。发病严重时，病叶全部被污白色菌丝覆盖，无法进行光合作用，逐渐干枯脱落。

图 2-13　核桃白粉病初期症状

图 2-14　核桃白粉病中期症状

图 2-15　核桃白粉病后期症状

【发病特点】致病菌属于真菌，在落叶和鳞芽上越冬。第2年春季遇雨射出致病菌孢子，随气流传播，侵染新生芽叶。发病后病斑产生的大量分生孢子，再次进行传播与侵染。北方核桃产区，5~6月为发病盛期，7月以后该病发展逐渐停滞下来。春季干旱的年份或管理不善、树势衰弱则发病重。

【防治方法】

1）农业防治。秋冬季清除病叶、病枝，集中销毁或沤肥。加强

栽培管理，合理浇水施肥，控制氮肥用量，增强树体抗性。核桃展叶至开花期，及时多次摘除病梢、病叶，带出园外集中处理。

2）化学防治。发芽前喷布 5 波美度石硫合剂，减少树体上的越冬菌源。发病初期用 75% 肟菌 · 戊唑醇水分散粒剂 1000 倍液喷洒枝叶。

6. 核桃圆斑病 >>>>

核桃圆斑病又名核桃灰斑病，分布于山西、河北、陕西、山东等地。致病菌为胡桃叶点霉［*Phyllosticta juglandis*（DC.）Sacc.］。

【症状】核桃圆斑病主要危害核桃叶片。病斑呈圆形，直径为 3~8 毫米，初为浅绿色（图 2-16），后变成褐色，最后变为灰白色，边缘为黑褐色，后期病斑上生出黑色小粒点（图 2-17），即病原菌分生孢子器。病情严重时，造成早期落叶。

图 2-16 核桃圆斑病初期症状

图 2-17 核桃圆斑病后期症状

【发病特点】病原菌以菌丝和分生孢子器在枝梢上越冬。第 2 年 5~6 月产生分生孢子，借风、雨传播，引起发病，雨季进入发病盛期，降雨多且早的年份发病重。管理粗放、枝叶过密、树势衰弱时易发病。

【防治方法】

1）农业防治。落叶后清扫落叶，集中深埋处理，减少病原菌源。

2）化学防治。发病前喷洒 75% 肟菌 · 戊唑醇水分散粒剂 1000

倍液或 80% 代森锌可湿性粉剂 600~800 倍液。

提示 80% 代森锌可湿性粉剂在防治苹果斑点病上有登记，目前尚未在核桃上进行登记。可关注中国农药信息网上有关核桃的农药登记信息。

7. 核桃枯梢病 >>>>

核桃枯梢病也叫枝枯病，在陕西、山西、山东等省均有发生，主要危害枝梢，造成枝条枯死；也能危害果实和叶片，造成果实腐烂。核桃枯梢病病原菌为核桃拟茎点菌，属真菌性病害。

【症状】 核桃枯梢病主要危害枝梢，致病菌常和溃疡病病原菌混生导致枝条枯死。幼嫩枝条发病初期，受害部位出现不明显的小斑，随着病情的发展嫩梢上产生红褐色至深褐色或长条形病斑，后期失水凹陷，其上密生暗红褐色小粒点，枝梢枯死（图 2-18）。

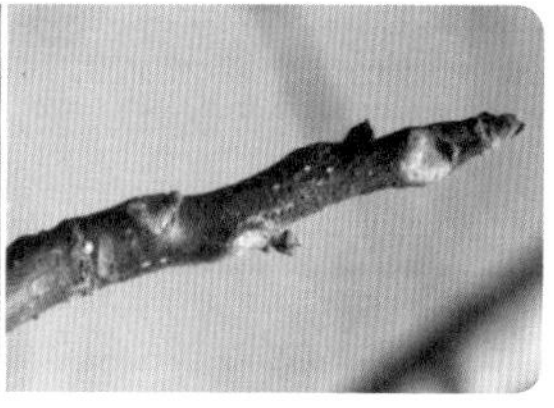

图 2-18 核桃枯梢病症状（孙广清 供图）

【发病特点】 核桃枯梢病的病原菌在发病组织内和树体表面越冬。第 2 年春季气温回升、雨量适宜时，病原菌孢子借风、雨、昆虫等传播，从枝干的皮孔或受伤组织侵入，产生病斑后又形成分生孢子，借雨水传播进行多次再侵染，扩大病情。该病害于 5~6 月开始发病，7~8 月为发病盛期，9 月以后停止发病。一般早春低温、干旱、风大、枝条受伤多等情况下容易发病。

【防治方法】

1）农业防治。结合修剪，清除病枯枝，集中烧毁，可减少病原菌来源。加强核桃树管理，合理肥水，增强树势，提高抗病能力。

2）化学防治。结合防治核桃炭疽病喷洒杀菌剂一起防治。也可在每年 4~5 月（分生孢子释放传播期），喷洒 75% 苯醚·咪鲜胺可湿性粉剂 1000 倍液，每隔 1 周喷 1 次，连喷 3 次，效果良好。

8. 核桃溃疡病 >>>>

核桃溃疡病又叫干腐病，俗称烂皮病、黑水病、黑疤子、墨汁病，致病菌为聚生小穴壳菌（*Dothiorella gregaria* Sacc.），属真菌性病害。该病主要危害枝干，造成核桃树枝枯、死树。该病在新疆、甘肃、山东、山西、安徽、河南、湖南、江西、浙江等核桃产区均有发生，并在苹果树、杨树、垂柳、刺槐、枫杨等多种林果枝干上发生。

【症状】核桃溃疡病主要危害枝干的树皮，病斑初期近菱形，呈暗灰色，水渍状微肿，用手指按压流出泡沫状液体，有酒糟味（图 2-19）。发病的树皮逐渐变成褐色，失水下陷，病斑上散生许多小黑点（分生孢子器）。当空气潮湿时，小黑点上涌出橘红色胶质丝状物（分生孢子角）。病斑沿树干纵横向发展，后期皮层纵向开裂，流出大量黑水（图 2-20）。成年树主干上的病斑初期隐藏在韧皮部，有时许多小病斑呈小岛状相互串联，周围集结大量白色菌丝层。一般从外表看不出明显的症状，当发现由皮层向外溢出黑色黏稠的液滴时，皮下已扩展为长数厘米，甚至长达 20 厘米以上的病斑。后期沿树皮裂缝流出黏稠的黑液滴糊在树干上，干后似刷了一层黑漆。枝条发病后表皮失绿，皮层充水并与木质部剥离，随后迅速失水干枯（图 2-21），其上产生黑色小点（图 2-22）。另一种症状是从剪锯口处发病，并向下和横向蔓延，容易形成枯梢（图 2-23）。

图 2-19 核桃溃疡病发病初期

幼树主干和侧枝受害后，病斑初期症状同成年树主干，当病斑环绕枝干 1 圈时，即可造成枝枯或全株死亡。

图 2-20 核桃溃疡病发病后期

图 2-21 核桃溃疡病造成的病死枝

图 2-22 核桃溃疡病死枝上的黑色小点

图 2-23 核桃溃疡病剪锯口处发病症状

【发病特点】 核桃溃疡病病原菌在发病部位越冬。第 2 年春季核桃树液流动后，遇到适宜的发病条件，产分生孢子，分生孢子通过风、雨或昆虫传播，从皮孔、嫁接口、虫孔、剪锯口等各种伤口处侵入，病害发生后逐渐扩展。核桃树生长期可发生多次侵染。春秋两季为发病高峰期，特别是在 4 月中旬 ~5 月下旬危害最重。一般在管理粗放、土层瘠薄、排水不良的核桃园，或肥水不足、树势衰弱、遭受冻害及盐害的核桃树易感染此病，冻伤、日灼和干旱失水也容易发病。

土壤酸化会加重核桃溃疡病。造成土壤酸化的原因，一方面是由于长期的过度提高产量和防除杂草，不少农户大量施肥、用除草剂，导致土壤表层的中性土壤流失，而越下层的土壤酸性就越强，肥力越低，各种营养物质的比例也会失衡。另一方面是冻害、虫害、管理机械造成伤口，也有利于病原菌侵染。

【防治方法】

1）农业防治。一般在早春刮治病斑，在生长季节发现病斑也可随时刮治。刮后用石硫合剂涂抹伤口。对于土壤结构不良、土层瘠薄、盐碱重的核桃园，应先改良土壤，促使根系发育良好；并增施有机肥料；合理修剪，及时用石硫合剂或其他药剂涂抹剪锯口（图 2-24），清理剪除病枝、死枝、刮除病皮，并集中销毁。还要增强树势，提高抗病能力；冬季枝干涂白（图 2-25）；早春或晚秋包扎枝干，防止冻伤或日灼；避免多次移栽，及时防除咖啡木蠹蛾、天牛等枝干害虫，防止出现虫孔。

图 2-24 剪锯口涂药

图 2-25 冬季枝干涂白

2）化学防治。彻底刮除病斑，在病斑外围 1.5 厘米左右处划 1 个深达木质部的隔离圈，把病组织刮除干净，刮后涂刷 50% 喹啉铜可湿性粉剂 1000 倍液保护伤口。早春发芽前、6~7 月和 9 月，在主干和主枝的中下部喷 29% 石硫合剂水剂 800 倍液。每次向核桃树上喷药时，都要均匀喷洒树干，预防核桃溃疡病发生。

9. 核桃木腐病

核桃木腐病又称心腐病，主要危害核桃主干和主枝的心材，是一种常见病害，分布于河北、河南、山西、北京等核桃产区。致病菌为担子菌亚门层菌纲非褶菌目的裂褶菌（*Schizophyllum commune* Fr.）。

【症状】该病害主要危害核桃树枝干的木质部，病菌由木质部心材逐渐向外蔓延，使心材变质，呈深褐色，干枯腐朽后变得松软，变为灰白色。被害枝干表面生有覆瓦状、灰白色的小型子实体，类似蘑菇（图 2-26），被害枝干输送营养物质受阻，进而抑制果树的生长发育和结果。

图 2-26　核桃木腐病症状

【发病特点】核桃木腐病以菌丝体在发病部位越冬，第 2 年在适宜的环境条件下产生担孢子，借风、雨传播，由各种伤口侵入枝干，病原菌生长产生毒素造成木质部腐烂。土壤贫瘠、干旱、管理粗放、杂草丛生、树势弱时，该病害发生较重。

【防治方法】

1）农业防治。加强栽培管理，及时松土浇水，增施肥料，山区挖树盘蓄水保墒，壮树抗病。及时剪除病残枝及茂密枝，将枯死病枝清除，减少病原菌来源。及时灌溉和排水，去除高大、缠绕性杂草，保持适当的温度和湿度，减少发病条件。

2）化学防治。核桃树修剪或机械损伤造成伤口，立即用

1%~2% 硫酸铜溶液或 5 波美度石硫合剂等杀菌剂涂抹。及时防治枝干病虫害，防止病虫造成伤口和削弱树势。

10. 核桃膏药病 >>>>

核桃膏药病是南方核桃产区的一种常见枝干病害，轻者影响枝干生长，重者导致树体死亡。该病除危害核桃外，还能危害栎树、茶树、桑树、女贞树、油桐等。

【症状】该病在核桃枝干上或枝杈处产生一团圆形或椭圆形厚膜状菌体，呈紫褐色，边缘呈白色，后变成鼠灰色，中间干裂脱落，似膏药状（图 2-27），故名膏药病。

图 2-27　核桃膏药病

【发病特点】致病菌属于真菌中的一种担子菌。病原菌常与介壳虫共生，菌体以介壳虫的分泌物作为营养来源，介壳虫则借菌膜覆盖得到保护。病原菌以菌膜在树干上越冬，并通过介壳虫的爬行进行传播蔓延，菌丝体在枝干表面生长发育，逐渐扩大形成膏药状薄膜。菌丝也能侵入核桃枝干皮层吸收营养，导致树体衰弱。核桃园土壤黏重、排水不良或园内阴湿、通风透光不良等都容易引发膏药病。

【防治方法】

1）及时防治介壳虫。冬季每 500 克松脂酸钠原液加水 4~5 千克，春季加水 5~6 千克，夏季加水 6~12 千克喷洒枝干，防治介壳虫若虫。

2）农业和化学防治。结合修剪除去病枝，或刮除病菌的实体和菌膜，并喷洒喹啉铜药液或 1∶1∶100 波尔多液。

11. 核桃根朽病 >>>>

核桃根朽病是核桃根部重要的病害之一，主要危害根颈部，造成根皮层腐烂，木质部腐朽，严重影响树体生长发育，甚至造成死树。病原菌为发光假蜜环菌担子菌类，寄主非常广泛，可危害核桃树、桃树、苹果树、梨树、杨树、柳树等。

【症状】核桃根朽病的主要症状是主根的皮层与木质部间充满白色至浅黄色菌丝层，菌丝呈扇状向外扩展，病根有浓烈的蘑菇味。发病后期，病部皮层腐烂，木质部腐朽（图 2-28）。雨季或潮湿环境下，在腐朽根及其附近地面上，可生长出成丛的米黄色蘑菇状子实体。发病轻的树叶片小、叶色黄，新梢生长量小；发病重的树叶片早落，枝条枯死，甚至整株死亡。

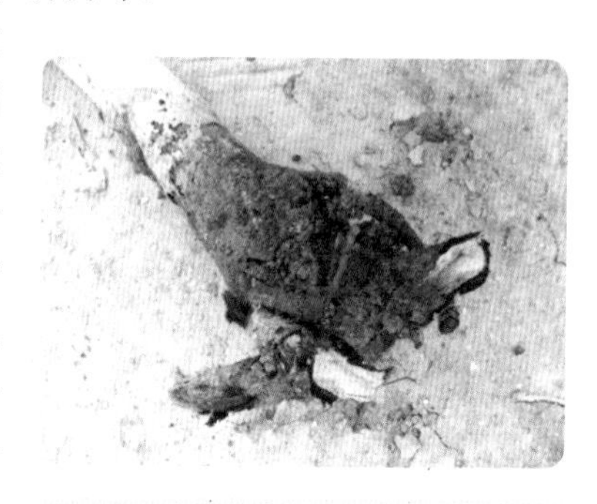

图 2-28　核桃根朽病发病后期症状

【发病特点】病原菌在田间病株及病残体上越冬。条件适宜时形成子实体，产生大量孢子。病根与健康根接触及病残体移动是该病害传播的主要方式，也能通过气流传播，从各种伤口侵入，病原菌迅速生长引起发病。一般重茬、园内积水、树势衰弱，有利于核桃根朽病的发生。

【防治方法】

1）农业防治。不重茬建园，老果园或苗圃刨除树木后，需要种植农作物 2 年后才能栽植核桃树。合理灌溉、排水，防止积水诱发核桃根朽病。发现有核桃根朽病的植株应扒开土，截除病根并烧毁，发病严重的树应连根挖除，病穴内用杀菌剂消毒，更换新土后再行补植。

2）化学防治。对于发病较轻的根系，把病根切除后，用 1%~2% 硫酸铜溶液、3 波美度石硫合剂涂抹伤口消毒，然后浇灌 50% 甲基硫菌灵可湿性粉剂 600 倍液。

12. 核桃根腐病 >>>>

核桃根腐病是一种由几种真菌侵染引起的根部病害，在核桃育

苗区普遍发生，可造成苗弱、苗黄、苗死，是影响培育健康壮苗的一大障碍。

【症状】该病主要危害核桃幼苗，成年树也能发病。发病初期，先危害个别侧根和须根，并逐渐向主根扩展，病根变黑腐烂。主根感染后，植株早期不表现症状，后随着根部腐烂程度的加剧，吸收水分和养分的功能逐渐减弱，地上部分因营养供应不足，致使新叶先发黄。在中午前后光照强、蒸发量大时，植株上部叶片才出现萎蔫，但夜间又能恢复。病情严重时，萎蔫状况夜间也不能再恢复，整株叶片发黄、枯萎。此时，根皮变成褐色，并与髓部分离（图 2-29），最后造成死苗。

图 2-29　核桃根腐病病情严重时的根系

【发病特点】致病菌多为土壤习居菌，在土壤中和病残体上越冬。病原菌从根颈部或根部伤口侵入，通过雨水或灌溉进行传播和蔓延。育苗田地势低洼、土壤板结、排水不良，造成根系呼吸困难，根部积水腐烂；地下害虫危害或栽植伤口没处理好，病菌从伤口侵入，使根系发病。根部受伤的田块发病严重。

【防治方法】

1）农业防治。选用健康无病的核桃作种子，并进行湿砂贮藏，播种前用温水浸种催芽，每天换 1 次温水，当核果的棱线开裂时再播种。不重茬育苗，深翻土壤，增加土壤的透气性；开沟排水，防止渍害；对于发生核桃根腐病的核桃苗木，及时挖除，集中烧毁，防止病害蔓延。

2）化学防治。播种前，用50%多菌灵可湿性粉剂600倍液或50%代森铵水剂400倍液处理核桃种子。移栽苗木时，用上述药剂蘸根。

13. 核桃白绢病 >>>>

核桃白绢病又称菌核性根腐病、菌核性苗枯病，危害核桃苗木和幼树的根部。病原菌为担子菌门白绢薄膜革菌，可危害桃树、苹果树、柑橘树、核桃树、大樱桃树等。

【症状】核桃白绢病主要危害根系，发病初期根颈部表面形成白色的菌丝体，表皮呈现水渍状褐色病斑（图2-30）。之后菌丝继续生长，根颈部被丝绢状的白色菌丝层覆盖（图2-31），故称白绢病。在潮湿条件下，发病后期根颈部的皮层腐烂，并冒出酒糟味的褐色汁液，受害的根颈部表面或近地面土表长有白色绢丝状菌丝体。受害树体逐渐衰弱，叶片变小、变黄，甚至全株枯死。

图2-30 核桃白绢病发病初期症状

图2-31 核桃白绢病发病后期症状

【发病特点】病原菌以菌丝体在病树根颈部或以菌核在土壤内越冬。第2年温度适宜时产生新的菌丝体，通过灌溉、农事操作及苗木移栽传播，从根颈部的伤口或嫁接口处侵入，造成颈部的皮层及木质部腐烂。

高温高湿是发病的重要条件，因此该病害在夏季发生严重。重茬地由于土壤内病菌积累多，也易发病；根颈部受日灼伤害的苗木也易感染，栽植果树时嫁接口埋在土内容易发病。

【防治方法】

1）圃地选择。育苗地要选择土壤肥沃、土质疏松、排水良好的土地。不能重茬育苗，发病重的苗圃地应与禾本科作物轮作 4 年以上，方能重新育苗。

2）合理栽植。核桃苗定植时，嫁接口要裸露出地面，以防土壤中的白绢病病原菌从嫁接口处侵入。树体地上部分出现症状后，春、秋季将树干基部主根附近的土壤扒开晾晒。

3）化学防治。苗木栽植前，用 70% 甲基硫菌灵可湿性粉剂 800 倍液浸泡根系，以杀死根部病原菌。在成年树发病初期，用 1% 硫酸铜溶液浇灌病株根部。

14. 核桃根癌病 >>>>

核桃根癌病又名根头癌肿病，是一种细菌性病害，寄主多、分布广，可危害多种果树苗木根部，成年树也能受害。

【症状】 癌瘤主要发生在根颈部（图 2-32），侧根也能发生（图 2-33）。发病部位开始产生乳白色或略带红色的小瘤，质地柔软，表面光滑。后逐渐增大成深褐色的球形或扁球形癌瘤，木质化后坚硬，表面粗糙或凹凸不平。

图 2-32 主根上生长的癌瘤

图 2-33 侧根上生长的癌瘤

【发病特点】 病原菌在癌瘤组织的皮层内越冬，或癌瘤破裂时进入土中越冬。由雨水和灌溉水传播，蛴螬、蝼蛄、线虫等活动也起一定的传播作用。带病苗木是远距离传播的重要途径。病原菌从伤口侵入寄主后，刺激周围细胞迅速分裂，组织不断生长膨大形成癌肿症状。土壤潮湿、碱性、黏重、排水不良，都有利于该病害发生。地下害虫危害和农具施肥、耕作等造成伤口，增加病原菌侵入机会，发病也重。

【防治方法】 禁止重茬育苗和栽树，出圃苗木若发现根部有癌瘤应集中烧毁。对调运的苗木用 1% 硫酸铜溶液浸根 5 分钟。在定植时发现癌瘤也要把苗木烧毁，没有癌瘤的苗木栽植时要用 K84 生防菌剂蘸根，预防核桃根癌病的发生。

15. 核桃日灼病 >>>>

核桃日灼病属于生理性病害，不传染，即非侵染性病害。

【症状】 轻度日灼的果皮上出现黄褐色、圆形或梭形的大斑块（图 2-34），严重日灼时病斑可扩展至果面的一半以上，还会凹陷，果肉干枯并粘在核壳上，引起果实早期脱落。受日灼的叶片半边干枯或全枯。另外，受日灼的果实和叶片容易引起黑斑病、炭疽病、溃疡病，同时如果遇阴雨天气，灼伤部分还常感染链格孢菌引发腐烂。

图 2-34 核桃果实轻度日灼病症状

【发病特点】 夏季如果连日晴天，阳光直射，温度高，常引起核桃果实和嫩叶发生日灼。

【防治方法】 夏季高温期间应在核桃园内定期浇水，调节果园内的小气候，可减少发病。或在高温出现前喷洒 2% 石灰乳，可以减轻受害。

三、核桃虫害

1. 核桃举肢蛾

核桃举肢蛾（*Atrijuglans hetaohei* Yang），属鳞翅目举肢蛾科。该虫分布于北京、山东、河南、河北、陕西、山西、四川、贵州等地。

【危害症状】核桃举肢蛾以幼虫蛀入核桃青果皮内取食，蛀孔外流出液珠（图 3-1）。随着虫体长大，纵横穿食，粪便排于其中（图 3-2）。被害果的果皮发黑，并开始凹陷（图 3-3 和图 3-4），核桃仁（子叶）发育不良，表现为干缩且变黑（图 3-5）。有的幼虫早期侵入硬壳内蛀食，使核桃仁干枯，果实脱落（图 3-6 和图 3-7）。也有的蛀食果到了秋、冬季还悬挂在枝头不落（图 3-8 和图 3-9）。

图 3-1　核桃举肢蛾蛀孔

图 3-2　核桃举肢蛾第 1 代幼虫

图 3-3　核桃举肢蛾受害果实

图 3-4　核桃举肢蛾脱果孔

图 3-5　被害果实内的核桃仁

图 3-6　核桃举肢蛾第 1 代幼虫引起的落果

图 3-7　秋季树下脱落的虫果

图 3-8　秋季树上受害核桃果实

图 3-9　冬季树上受害核桃果实

【形态特征】

1）成虫。黑褐色，体长 5~8 毫米，翅展 12~14 毫米。复眼为红色，触角呈丝状、浅褐色。下唇须为银白色，向上弯曲，超过头顶。翅狭长，缘毛很长，前翅端部 1/3 处有 1 个半月形白斑，基部 1/3 处还有 1 个椭圆形小白斑（有时不显）。腹部背面有黑白相间的鳞毛，腹面为银白色。足为白色，后足很长，静止时向侧后方上举，并不时摆动，故名“举肢蛾”（图 3-10）。

2）卵。椭圆形，长 0.3~0.4 毫米，初产时为乳白色，渐变为黄白色、黄色或浅红色，近孵化时呈红褐色（图 3-11）。

3）幼虫。初孵时体长 1.5 毫米，为乳白色，头部为黄褐色。老熟幼虫体长 7.5~9 毫米，头部为暗褐色，体躯部为浅黄白色，背面为浅粉红色（图 3-12）。

图 3-10　核桃举肢蛾成虫

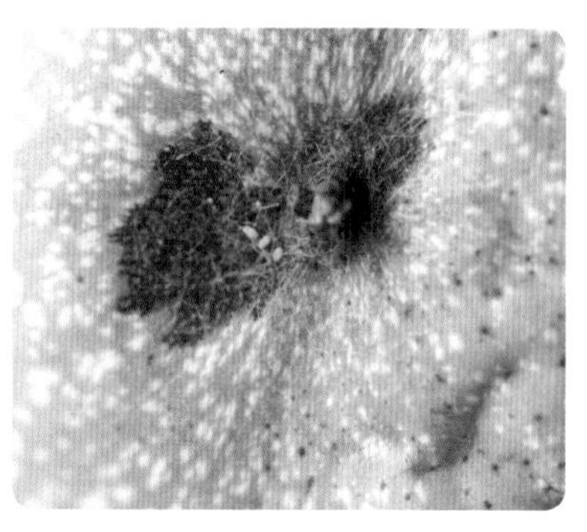

图 3-11　核桃举肢蛾卵

4）蛹。体长 4~7 毫米，纺锤形，黄褐色。

5）茧。椭圆形，长 8~10 毫米，为褐色，常黏附草屑及细土粒（图 3-13）。

图 3-12　核桃举肢蛾老熟幼虫

图 3-13　核桃举肢蛾茧

【发生特点】核桃举肢蛾在山西、河北 1 年发生 1 代，在山东、河南和西南地区 1 年发生 2 代，均以老熟幼虫在树冠下 1~2 厘米深的土壤中、石块下及树干基部粗皮裂缝内结茧越冬。在 1 代发生区，越冬幼虫在 6~7 月化蛹，盛期在 6 月上旬，蛹期为 7 天左右；成虫发生期在 6 月中旬 ~8 月上旬，盛期在 6 月下旬 ~7 月上旬；幼虫在

6月中下旬开始危害，有的年份发生早些，6月上旬就开始危害，老熟幼虫7月中旬开始脱果，盛期在8月上旬，9月下旬还有个别幼虫脱果。在四川绵阳的2代发生区，越冬幼虫于4月上旬开始化蛹，5月中下旬为化蛹盛期，蛹期为7~10天；越冬代成虫最早出现于4月下旬果径达6~8毫米时，5月中下旬为盛期，6月上中旬为末期；5月上中旬出现幼虫危害；6月出现第1代成虫，6月下旬开始出现第2代幼虫危害。

成虫略有趋光性，多在树冠下部叶片背面活动和交尾，在两果相接的缝隙、果脐、梗洼或叶柄上产卵。一般每个果上产1~4粒卵，后期数量较多，每个果上可产7~8粒卵。幼虫孵化后在果面爬行1~3小时，然后蛀入果实内，蛀孔外流出透明或琥珀色液珠。然后青果皮逐渐皱缩，变黑腐烂，引起大量落果。幼虫在果内危害30~45天后成熟，然后咬破果皮脱果入土结茧化蛹。第2代幼虫发生期间，正值果实发育期，内果皮已经硬化，幼虫只能蛀食中果皮，果面变黑并凹陷皱缩。至核桃采收时有80%左右的幼虫脱果结茧越冬，少数幼虫直至采收都不脱果，被带入堆果场。

核桃举肢蛾的发生与土壤湿度有密切关系，成虫羽化期多雨潮湿的环境有利于成虫发生。

【防治方法】

1）农业防治。晚秋或早春深翻树冠下的土壤，破坏越冬虫茧，可消灭部分越冬幼虫，或使成虫羽化后不能出土。在幼虫危害期，及时捡拾落果（图3-14）和摘除树上变黑的被害果，浸泡在水中淹死果内害虫，可降低下一代的虫口密度。

图3-14　捡拾落果

2）物理防治。成虫羽化前，地面覆盖防草布，可阻止成虫飞上树。

3）生物防治。浇水后或降雨后，用昆虫病原线虫悬浮液喷洒处理土壤，使其寄生于老熟幼虫体内和蛹内（图 3-15）。

4）化学防治。成虫羽化前或成虫开始羽化时，在树干周围地面喷施 50% 辛硫磷乳油 300~500 倍液，每亩用药 0.5 千克，以毒杀出土成虫。在幼虫脱果期，也可以在树冠下施用上述杀虫剂防治幼虫。在成虫产卵盛期及幼虫初孵期，树上喷洒 5% 氯氰菊酯乳油，每隔 10 天喷洒 1 次，共喷 2 次，将卵和初孵幼虫消灭在蛀果之前，效果很好。如果喷洒 25% 灭幼脲悬浮剂 2000 倍液或 5% 甲氨基阿维菌素苯甲酸盐水分散粒剂 5000~6000 倍液，可连续喷洒 2 次，间隔时间为 15~20 天。

图 3-15 地面喷施昆虫病原线虫悬浮液

提示 辛硫磷、溴氰菊酯、灭幼脲在防治苹果食心虫等上有登记，目前尚未在核桃举肢蛾上进行登记，但对核桃举肢蛾防治效果较好，可关注中国农药信息网上有关核桃的农药登记信息。

2. 核桃长足象 >>>>

核桃长足象（*Alcidodes juglans* Chao）又叫核桃果象甲、核桃象鼻虫，属鞘翅目象甲科，主要分布于河南、陕西、湖北、四川等核桃产区。该虫仅危害核桃，是部分地区核桃的重要害虫，严重时可造成绝产绝收。

【危害症状】 核桃长足象以幼虫蛀食果实、嫩枝、幼芽等。果实被害后，果形始终不变，果内充满棕黑色粪便，核桃仁被取食（图 3-16），造成 6~7 月大量落果。

【形态特征】

1）成虫。体长 10 毫米左右，为黑褐色，体表密布棕色短毛。

头管较粗，触角呈膝状，前胸背板密布黑色瘤状凸起。鞘翅上有凹凸纵带，鞘翅基部明显向前凸出。

2）卵。椭圆形，长 1.2~1.4 毫米，半透明，初产时为黄白色，孵化前为黄褐色。

3）幼虫。老熟幼虫身体肥大、弯曲，体长 14~16 毫米。头部为棕褐色，其余部分为浅黄色。

4）蛹。长约 10 毫米，初为乳白色，后变为黄褐色。

图 3-16 核桃长足象危害果实症状

【发生特点】 核桃长足象 1 年发生 1 代，以成虫在向阳处的杂草或土内越冬，个别虫在枝杈上越冬。越冬成虫 4 月中下旬开始活动，喜光，有假死性，以嫩梢为食。成虫交尾产卵主要在中午 10：00~12：00，5 月上旬在幼果内产卵，在果皮上留下明显的产卵孔（多在果脐周围），孔上有排出的虫粪和流出的汁液结成的堆积物。每只雌虫平均产卵约 124 粒，每个果一般只产 1 粒卵，卵期为 6~8 天，初孵的幼虫向果内蛀食，幼虫危害盛期在 6 月中旬 ~7 月初，导致果实脱落，幼虫继续在落果内取食核桃仁。幼虫期约为 50 天，老熟后在果内化蛹，蛹期为 10~12 天。7 月中旬 ~8 月羽化为成虫，在树上取食危害一段时间再越冬。

【防治方法】

1）人工防治。及时捡拾落果，并摘除树上的被害果，集中浸泡在开水里，以消灭幼虫、蛹和未出果的成虫，也可集中焚毁或入坑沤肥。在成虫发生盛期振动枝条，树下铺置塑料布，收集并处理落地成虫。

2）生物防治。在成虫入土期，用每毫升含孢子量为 2 亿的白僵菌液喷雾于地面。

3）化学防治。成虫出蛰期至幼虫孵化盛期，是核桃长足象施药防治的关键时期。成虫出蛰期用 50% 辛硫磷乳油 400 倍液喷洒核桃园地面，同时用50%辛硫磷乳油800倍液或4.5%高效氯氰菊酯乳油2000倍液喷洒核桃树冠。

提示 目前尚没有防治核桃长足象的农药产品，但辛硫磷对核桃长足象防治效果较好，可关注中国农药信息网上有关核桃的农药登记信息。

3. 桃蛀螟

桃蛀螟（*Dichocrocis punctiferalis* Guenee）又称桃蛀野螟、桃斑螟、桃实虫、桃蛀虫，俗称蛀心虫，属鳞翅目螟蛾科。该虫全国各地均有分布，危害核桃树、桃树、杏树、石榴树、板栗树、无花果树、枇杷树、龙眼树、荔枝树、向日葵、玉米等40多种植物。

【危害症状】 桃蛀螟以幼虫蛀食核桃果实外果皮，由蛀孔分泌黄褐色的透明胶液，并将虫粪堆积于其上，果实内也充满虫粪（图3-17和图3-18）。可转果危害，1只幼虫危害3~8个果实，严重影响核桃果实的产量和品质。

图3-17 桃蛀螟危害症状

图3-18 被害果实脱落

【形态特征】

1）成虫。体长12毫米左右，翅展25~28毫米。全身为橙黄色，上生多个黑斑，其中胸部背面有数个黑斑，第1、3、4、5腹节背面各有3个黑斑。前翅和后翅均为黄色，翅表面分布许多黑斑，其中前翅25~28个，后翅15~16个（图3-19）。

2）卵。长约0.6毫米，椭圆形，表面有圆形刻点。初产卵时为乳白色，后变成红褐色（图3-20）。

图3-19 桃蛀螟成虫
（闫家河　供图）

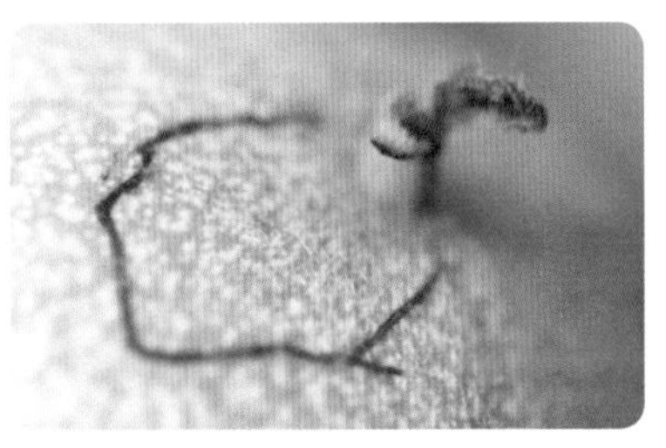

图3-20 桃蛀螟近孵化卵
（闫家河　供图）

3）幼虫。老熟幼虫体长约25毫米，体色变化较大，与取食植物有关，从暗红色到青白色。头和前胸背板为褐色，各体节有明显的灰褐色毛片（图3-21）。

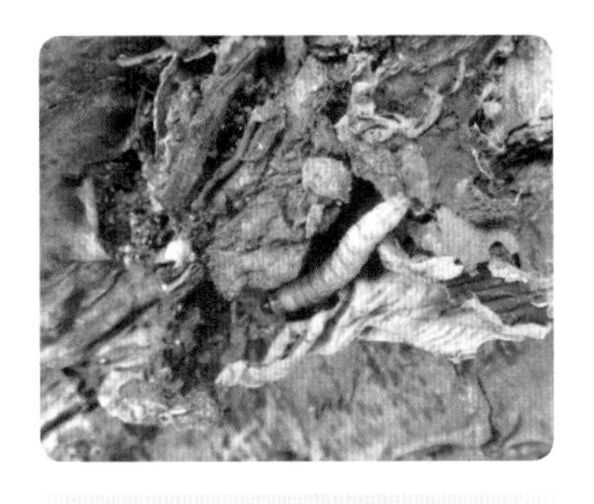

图3-21 桃蛀螟老熟幼虫

4）蛹。体长约13毫米，开始为浅黄绿色，后变为褐色，腹部5~7节上生有齿状突起，末端有6根细长卷曲状钩刺。

5）茧。长椭圆形，为灰褐色，比较松散。

【发生特点】 桃蛀螟在北方地区1年发生2~3代，长江流域1年发生4~5代，以老熟幼虫在树皮缝隙、树洞、向日葵花盘、玉米秸秆、板栗存放场所等处越冬。在北方，越冬代成虫于第2年4月中旬~5月中旬发生，1~2代主要危害桃树、杏树、向日葵、春玉米，第3代转移危害核桃树、板栗树，同时危害夏玉米、向日葵、晚桃、蓖麻等。成虫白天静伏于叶片背面阴暗处，夜间活动交尾产卵。卵散产于核桃果实与果实、果实与叶相接处，也有的产在果蒂、果实赤道处，单粒散产。卵经1周左右孵化为幼虫，从果实肩部或果面蛀入果内取食。在云南漾濞县，8月中旬发生的桃蛀螟成虫开始飞到美国山核桃树的果实上产卵，8月下旬初孵幼虫开始蛀果危害，9月中下旬是幼虫蛀果危害的高峰期。核桃与桃树、玉米、向日葵、板栗树、枇杷树等混栽和靠近，有利于桃蛀螟危害核桃树。

【防治方法】

1）农业防治。冬季、早春及时处理向日葵花盘、枇杷烂花、玉米秸秆内及贮栗场等处的越冬幼虫，减少虫源。

2）生物防治。在桃蛀螟越冬场所，如玉米、向日葵秸秆和花盘堆积处喷洒白僵菌悬浮液，使其寄生越冬幼虫。桃蛀螟成虫产卵期，在田间释放玉米螟赤眼蜂。

3）物理防治。利用桃蛀螟性诱剂诱杀雄成虫或干扰成虫交尾。

4）化学防治。于成虫产卵盛期，树上及时喷洒25%灭幼脲悬浮剂2000倍液，或35%氯虫苯甲酰胺水分散粒剂8000倍液，或5%氯氰菊酯乳油600~800倍液。

提示 目前尚没有防治核桃桃蛀螟的农药产品，但上述推荐的药剂对核桃的桃蛀螟防治效果较好，可关注中国农药信息网上有关核桃的农药登记信息。

4. 核桃红蜘蛛 >>>>

红蜘蛛是危害核桃的主要害螨之一，影响核桃叶片光合作用。目前危害核桃的红蜘蛛主要是山楂叶螨（*Tetranychus viennensis* Zacher），它又名山楂红蜘蛛，可危害核桃树、桃树、苹果树、山楂树、梨树、杏树、樱桃树、海棠树、榛树、橡树等，在国内广泛分布。另外，还有一种红蜘蛛主要在核桃叶片正面取食危害。

【危害症状】 山楂叶螨以成螨、幼螨和若螨群集在叶片背面刺吸危害（图3-22），主要集中在主脉两侧，成螨有吐丝结网习性。叶片受害后，在叶片正面出现黄色失绿斑点（图3-23），并逐渐扩大成片，叶片背面呈锈红色（图3-24）。受害严重时，全叶变为焦黄色而脱落。

图 3-22　山楂叶螨在叶片背面取食

图 3-23　山楂叶螨危害初期症状（叶片正面）

【形态特征】

1）雌成螨。分为冬型和夏型两种。越冬型雌成螨为鲜红色，枣核形，体长 0.3~0.4 毫米（图 3-25）。夏季危害型虫体为暗红色，椭圆形，体长 0.5~0.7 毫米，背部隆起。两种类型的雌成螨均有 26 根背毛，分成 6 排。刚毛基部无瘤状突起。

图 3-24　山楂叶螨危害后期症状

图 3-25　山楂叶螨越冬型雌成螨与捕食螨（白色螨）

2）雄成螨。体长 0.4 毫米，腹部末端尖削，初蜕皮为浅黄绿色，逐渐变成绿色及橙黄色，体背两侧有墨绿色斑纹。

3）卵。圆球形，橙黄或黄白色，表面光滑，有光泽。

4）幼螨。圆形，黄白色，取食后为浅绿色，3 对足。

5）若螨。椭圆形，黄绿色，4 对足。

【发生特点】　由南方至北方，山楂叶螨 1 年发生代数逐渐增加，从几代到10余代。以受精越冬型雌成螨在主枝、主干的树皮裂缝内及老翘皮下越冬，幼龄树上多集中在树干基部周围的土缝里越冬，也有部分在落叶、枯草或石块下面越冬。第2年，核桃树发芽时开始出蛰上树，先在内膛的芽上取食、活动。越冬雌成螨危害嫩叶7~8天后开始产卵，第1代发生较为整齐，是喷药防治的关键时期，以后各代重叠发生。麦收前后，种群数量急剧增加，6~7月为全年猖獗危害期。山楂叶螨怕雨水冲刷，雨季到来后，种群数量会大幅度自然降低，这就是山楂叶螨在北方发生比南方严重的原因。10月中旬后，山楂叶螨陆续进入越冬场所。

【防治方法】

1）农业防治。秋季落叶后，彻底清扫果园内的落叶、杂草，集中深埋处理或投入沤肥池。结合施基肥深耕翻土，消灭越冬成螨。晚秋在树干上绑扎废果袋或布条，诱集越冬成螨，冬季修剪时解下烧掉。

2）生物防治。首先保护自然天敌，山楂叶螨的主要天敌有塔六点蓟马、捕食螨和小花蝽，这些天敌对控制害螨的数量增长具有重要作用，因此果园尽量少喷洒触杀性杀虫剂，以减轻药剂对天敌昆虫的伤害。改善果园生态环境，在果树行间种草或适当留草，为天敌提供补充食物和栖息场所。也可直接购买捕食螨或塔六点蓟马，按照产品说明书进行释放。

3）化学防治。核桃雄花谢后7~10天，树上喷洒长效杀螨剂，如24%螺螨酯悬浮剂3000倍液。成螨大量发生期，叶面喷洒速效性杀螨剂，如15%哒螨酮乳油3000倍液、1.8%阿维菌素乳油4000倍液等。

提示 目前尚没有防治核桃红蜘蛛的农药产品，但上面推荐的药剂已经在苹果红蜘蛛、柑橘红蜘蛛上登记，可供参考。可关注中国农药信息网上有关核桃的农药登记信息。

5. 核桃蚜虫 >>>>

【危害症状】 核桃蚜虫在核桃主产区普遍发生，但发生程度较轻。蚜虫以成虫、若虫在核桃叶片背面刺吸取食（图 3-26），形成褪绿斑点，影响叶片功能（图 3-27），但对核桃产量和品质影响较小。

图 3-26　核桃蚜虫的若虫在叶片背面取食

图 3-27　受害核桃叶片正面

【形态特征】 目前尚未查到是哪种蚜虫，不便准确描述其形态特征。

【发生特点】 核桃蚜虫每年发生 10 余代，以卵在核桃树枝杈、叶痕等处的树皮缝中越冬。第 2 年 4 月中旬为越冬卵孵化盛期，孵出的若虫在膨大树芽或叶片刺吸取食，展叶后在叶片背面取食至秋季。

【防治方法】

1）生物防治。核桃蚜虫的天敌主要有龟纹瓢虫、异色瓢虫（图 3-28）、大草蛉等，当天敌数量多时，可自然控制，不必喷洒药剂。

2）化学防治。当核桃蚜虫危害严重时，可在树上喷洒吡虫啉或啶虫脒杀虫剂，以推荐浓度防治。

图 3-28　异色瓢虫初孵若虫和蚜虫

6. 核桃叶甲

【危害症状】核桃叶甲属鞘翅目叶甲科，广泛分布于国内核桃主产区。该虫以成虫、幼虫取食危害核桃叶片，在叶片上形成孔洞和缺刻（图 3-29），严重的受害叶呈网状，甚至将全叶食光，仅留叶脉，严重影响树势及产量，甚至造成死树。

图 3-29　核桃叶甲成虫及危害症状

【形态特征】核桃叶甲体形长，背面扁平，体色有青蓝色、紫黑色、黑蓝色等，有光泽；头、鞘翅为蓝黑色，前胸背板为棕黄色，触角、足均为黑色；触角呈丝状，鞘翅上分布粗密刻点。

【发生特点】核桃叶甲 1 年发生 1 代，以成虫在枯枝落叶层或树干基部的树皮缝内越冬。第 2 年核桃长出新叶后，成虫开始活动，然后交尾产卵，将卵产在叶片背面，聚成块状。5 月中旬卵孵化出幼虫，幼虫孵化后群集在叶片背面取食叶肉。随着虫龄的不断增加，开始分散危害，此时不仅取食叶肉，也取食叶脉，甚至叶柄。5 月下旬老熟幼虫化蛹，蛹期为 4~5 天，羽化出的成虫进行短期取食，之后下树潜伏越夏、越冬。

【防治方法】

1）农业防治。冬春季彻底清除园内枯枝落叶，集中处理，可消灭越冬成虫。

2）化学防治。一般可在防治核桃举肢蛾时兼治。如果发现大量成虫、幼虫危害叶片时，可在树上喷洒 5% 氯氰菊酯乳油 600~800 倍液专门防治。

7. 黄刺蛾

黄刺蛾（*Cnidocampa flavescens* Walker）俗名洋辣子、八角虫、

八甲子，属鳞翅目刺蛾科。该虫在国内广泛分布，食性很杂，可危害核桃树、苹果树、樱桃树、枣树、石榴树等，也危害多种林木和花卉。幼虫有毒刺，触及皮肤极疼痛，给夏秋管理带来困难。

【危害症状】 黄刺蛾以幼虫危害核桃叶片，初孵幼虫群集在叶片背面取食叶肉，形成网状透明斑。幼虫长大后分散取食，将叶片食成缺刻或将全叶吃光仅留叶脉（图 3-30）。发生量大时很多叶片被吃光，严重影响树势和果实发育。

图 3-30 黄刺蛾幼虫危害症状

【形态特征】

1）成虫。虫体为黄色，体长 13~16 毫米，翅展 30~40 毫米。前翅基部为黄色并有 2 个深褐色斑点，翅末端为浅褐色；翅中有 2 条暗褐色斜线，在翅尖上汇合于 1 点，呈倒 V 字形（图 3-31）。

2）卵。扁椭圆形，长约 1.5 毫米，表面有龟纹状刻纹。初产时为黄白色，后变成黑褐色。常数十粒卵排成不规则卵块。

3）幼虫。老熟幼虫体呈长方形，黄绿色，体长 19~25 毫米，背面有 1 个哑铃形紫褐色大斑。各节有 4 个枝刺，以腹部第 1 节上的枝刺最大（图 3-32）。

图 3-31 黄刺蛾成虫

图 3-32 黄刺蛾老熟幼虫

4）蛹。长 13 毫米左右，椭圆形，黄褐色，表面有深褐色小齿，外面包有硬质茧壳。

5）茧。卵圆形，灰白色，形状似麻雀蛋。茧壳坚硬，表面有灰白色不规则纵条纹（图 3-33）。

图 3-33　黄刺蛾茧（孙广清　供图）

【发生特点】 黄刺蛾在辽宁、陕西、河北等地的北部1年发生1代，在北京、河北的中部及山东、江苏、安徽等地1年发生2代，以老熟幼虫在树冠枝杈处、主侧枝及树干粗皮上结茧越冬。1年发生1代的地区，第2年6月上中旬开始在茧内化蛹，蛹期约为半个月，6月中旬~7月中旬为成虫发生高峰期；幼虫发生期为6月下旬~8月下旬。1年发生2代的地区，5月上旬开始化蛹，5月下旬~6月上旬羽化成虫，茧壳一直保留在树上（图 3-34）；第1代幼虫6月中旬~7月上中旬发生，第2代幼虫危害盛期在8月上中旬，8月下旬幼虫陆续老熟结茧越冬。成虫在夜间活动，有趋光性。雌蛾产卵于叶片背面，卵期为7~10天。初孵幼虫先吃卵壳，然后群集在叶片背面啃食叶肉。幼虫共7龄，幼龄幼虫群集在一处，取食叶片的下表皮和叶肉，形成圆形透明的小斑，叶片呈网状，幼虫稍大后逐渐分散取食，5龄以上幼虫能将叶片吃光，仅留叶脉。

图 3-34　黄刺蛾成虫羽化后的茧壳

【防治方法】

1）农业防治。结合冬季修剪，用剪刀刺伤枝条上的越冬茧。幼虫发生期，田间发现后及时摘除虫枝、虫叶，消灭幼虫。

2）生物防治。黄刺蛾的寄生蜂主要有上海青蜂、刺蛾广肩小蜂、姬蜂。被寄生的虫茧上端有 1 个寄生蜂产卵时留下的小孔，容易识别。春季将采下的被寄生虫茧悬挂在果园内，使羽化后的寄生蜂飞出，重新寄生黄刺蛾幼虫。

3）物理防治。6 月中旬 ~7 月中旬越冬代成虫发生期，田间设置黑光灯诱杀成虫。

4）化学防治。发生数量少时，一般不需专门喷药防治，可在防治核桃举肢蛾、潜叶蛾、蚜虫时兼治。黄刺蛾低龄幼虫不抗药，喷洒常用的菊酯类杀虫剂均能防治。

8. 褐边绿刺蛾 >>>>

褐边绿刺蛾（*Latoia consocia* Walker）又名绿刺蛾、青刺蛾、褐缘绿刺蛾、四点刺蛾、曲纹绿刺蛾，俗称洋辣子。该虫属鳞翅目刺蛾科，在国内大部分省区均有分布。褐边绿刺蛾能危害桃树、李树、杏树、樱桃树、苹果树、枣树、梨树、山楂树、梅树、板栗树、柑橘树、石榴树、核桃树、柿树、桑树、柳树等。

【危害症状】褐边绿刺蛾以幼虫取食果树、林木的叶片，危害症状同黄刺蛾（图 3-35）。

图 3-35　褐边绿刺蛾初孵幼虫危害症状

【形态特征】

1）成虫。体长约 16 毫米，翅展约 39 毫米。胸部背面为绿色，中央有 1 条褐色纵带，腹部背面为灰黄色。前翅中间部分为绿色，翅基与外缘均为褐色，后翅为灰黄色。雌虫触角呈褐色丝状，雄虫触角基部 2/3 为短羽毛状。

2）卵。扁椭圆形，长 1.3~1.5 毫米，数十粒卵排成卵块。初产时为乳白色，渐变为黄绿色至浅黄色。

3）幼虫。初孵幼虫为黄色（图 3-36）。老熟幼虫体长 24~27 毫米，身体为翠绿色，背线为黄绿色至浅蓝色。前胸盾上有 1 对黑斑，中胸至第 8 腹节各有 4 个瘤突，上生黄色刺毛束（图 3-37）。腹部末端有 4 个蓝黑色毛瘤，腹面为绿色。

图 3-36　褐边绿刺蛾初孵幼虫

图 3-37　褐边绿刺蛾老熟幼虫

4）蛹。卵圆形，长 13 毫米左右，黄褐色。蛹外包有暗褐色、长约 15 毫米的丝茧。

【发生特点】国内由北方向南方，1 年发生 1~2 代。褐边绿刺蛾以老熟幼虫在树干基部和浅土层内结丝茧越冬。5 月化蛹，5 月下旬羽化为成虫。成虫昼伏夜出，有趋光性，产卵于叶片背面。低龄幼虫聚集取食叶片（图 3-38），长大后分散取食（图 3-39）。幼虫危害期为 6~9 月，10 月老熟幼虫入土结茧越冬。自然界有很多寄生蜂寄生褐边绿刺蛾幼虫（图 3-40）。

图 3-38　褐边绿刺蛾低龄幼虫聚集危害

【防治方法】

1）农业防治。幼虫发生期，田间发现后及时摘除带虫枝、叶，直接杀死幼虫，效果明显。

2）物理防治。5~8 月，利用褐边绿刺蛾成虫的趋光性，田间设

置黑光灯诱杀成虫。

图 3-39　褐边绿刺蛾幼虫分散危害

图 3-40　寄生蜂的白色丝茧

3）其他防治。参考黄刺蛾的防治方法。

9. 双齿绿刺蛾 >>>>

双齿绿刺蛾（*Latoia hilarata* Staudinger）又名棕边青刺蛾、棕边绿刺蛾、大黄青刺蛾。该虫属鳞翅目刺蛾科，可危害核桃树、苹果树、枣树、海棠树等。

【危害症状】 双齿绿刺蛾以幼虫取食果树叶片，低龄幼虫多群集在叶片背面取食下表皮和叶肉，残留的上表皮和叶脉成箩底状半透明斑，数天后干枯，常脱落；3 龄后陆续分散，食叶成缺刻或孔洞，严重时常将叶片吃光。双齿绿刺蛾危害症状基本同黄刺蛾。

【形态特征】

1）成虫。体长 7~12 毫米，翅展 21~28 毫米，头部、触角、下唇须为褐色，头顶和胸背为绿色，腹背为苍黄色。前翅为绿色，基斑和外缘带为暗灰褐色，其边缘色深，基斑在中室下缘呈角状外突，略呈五角形；后翅为苍黄色，外缘略带灰褐色，臀角为暗褐色，缘毛为黄色。足密被鳞毛。雄虫触角呈栉齿状，雌虫触角呈丝状。

2）卵。长 0.9~1 毫米，宽 0.6~0.7 毫米，椭圆形，扁平、光滑。初产为乳白色，近孵化时为浅黄色。

3）幼虫。体长 17 毫米左右，蛞蝓型，头小，大部缩在前胸内，头顶有2个黑点，胸足退化，腹足小。体色为黄绿色至粉绿色，背线为天蓝色，两侧有蓝色线；亚背线宽，为杏黄色。各体节有4个枝刺丛，胸和第1、7腹节背面的1对较大且端部呈黑色，腹末有4个黑色绒球状毛丛（图3-41）。

4）蛹。体长10毫米左右，椭圆形肥大。

5）茧。扁椭圆形，长11~13毫米，宽6.3~6.7毫米，钙质较硬，色多，同寄主树皮色，一般为灰褐色至暗褐色。

图3-41 双齿绿刺蛾老熟幼虫

【发生特点】双齿绿刺蛾在山西、陕西1年发生2代，蛹在树体上的茧内越冬。山西太谷地区4月下旬开始化蛹，蛹期为25天左右，5月中旬开始羽化，越冬代成虫发生期在5月中下旬~6月下旬。成虫昼伏夜出，有趋光性。卵多产于叶片背面中部主脉附近，排列成不规则块状，每块有数十粒卵，卵期为7~10天。第1代幼虫发生期为6月上旬~8月上旬，低龄幼虫有群集性，3龄后多分散活动，日间静伏于叶片背面，夜间和清晨常到叶片正面上活动取食。幼虫老熟后爬到枝干上结茧化蛹。第1代成虫发生期为8月上旬~9月上旬，第2代幼虫发生期为8月中旬~10月下旬，10月上旬陆续变为老熟幼虫，在枝干上结茧越冬。

【防治方法】参考黄刺蛾的防治方法。

10. 核桃瘤蛾 >>>>

核桃瘤蛾（*Nola distributa* Walker）又名核桃毛虫、核桃小毛虫，属鳞翅目瘤蛾科，专门危害核桃树。该虫属偶发暴食性害虫，主要分布在山西、河北、河南、山东、陕西等地区。

【危害症状】核桃瘤蛾以幼虫食害核桃叶片，发生严重时能在几天内将树叶吃光，造成枝条二次发芽，导致树势极度衰弱，枝条枯死。幼虫3龄前将叶片食成箩底状，3龄后将叶片食成网状或缺刻状，有时吐薄丝卷叶（图3-42）。

【形态特征】

1）成虫。体长 8~11 毫米，灰褐色。雌虫触角呈丝状，雄虫触角呈羽毛状。前翅前缘基部及中部有 3 个隆起的深色鳞簇，组成 3 块明显的黑斑；从前缘至后缘有 3 条由黑色鳞片组成的波状纹。

图 3-42 核桃瘤蛾危害症状

2）卵。扁圆形，直径为 0.4 毫米左右，中央顶部略凹陷，四周有细刻纹。初产时为乳白色，后变为浅黄色至褐色。

3）幼虫。老熟幼虫体长 12~15 毫米，背面为棕黑色，腹面为浅黄褐色，体型短粗而扁，中、后胸背面各有 4 个毛瘤着生较长的毛。体两侧毛瘤上着生的毛长于体背毛瘤上的毛，腹部第 4~7 节背面中央为白色。

4）蛹。体长 8~10 毫米，黄褐色，椭圆形，腹部末端呈半球形，外面包有灰白色茧。

【发生特点】1 年发生 2 代，以蛹在石堰缝中（占 95% 左右）、土缝中、树皮裂缝中及树干周围的杂草和落叶中越冬。第 2 年 5 月下旬，越冬蛹开始羽化为成虫，6 月上旬为羽化盛期。成虫白天静伏夜间活动，傍晚到 22：00 前最活跃，有趋光性，黑光灯对其引诱力最强。卵散产于叶片背面主、侧叶脉交叉处，6 月中下旬第 1 代幼虫开始孵化。幼虫多为 7 龄，幼虫期为 18~27 天，3 龄前的幼虫在孵化的叶片上取食，受害叶片仅剩网状叶脉，偶见核桃果皮受害。7 月中下旬，大量幼虫老熟后于 1：00~6：00 沿树干下爬，寻找石缝、土缝及石块下作茧化蛹。第 1 代成虫的羽化期为 7 月中旬 ~9 月上旬，共计 50 余天，盛期在 7 月底 ~8 月初。8 月上中旬出现第 2 代幼虫，直到 9 月，幼虫老熟，化蛹越冬。

【防治方法】

1）农业防治。利用老熟幼虫下树化蛹和越冬的习性，在树根周围堆集石块诱杀，一年开展 2~3 次，第 1 次在 7 月中旬，第 2 次在

8月下旬~9月上旬，第3次在晚秋进行。

2）化学防治。在幼虫危害时期，喷2.5%溴氰菊酯乳油2000倍液防治。

11. 核桃缀叶螟 >>>>

核桃缀叶螟（*Locastra muscosalis* Walker），又名核桃缀叶丛螟、木橑黏虫，属鳞翅目螟蛾科，分布于辽宁、北京、河北、天津、山东、江苏、安徽、浙江、江西、福建、台湾、广东、广西、湖南、湖北、河南、云南、贵州、四川、陕西等地区。该虫以幼虫危害核桃树、木橑（黄连木）等的叶片，发生严重的年份，往往可把树叶吃光。

【危害症状】初龄幼虫群居在叶面，吐丝结网危害叶片，稍长大后由1窝分为几群，把叶片缀在一起，使叶片呈筒形，幼虫在其中食害，并把粪便排在里面。随着虫体的长大（长约20毫米）转移分散危害，最初卷食复叶，把2~4片复叶缠卷在一起，复叶卷得越来越多，最后成团状。当幼虫即将老熟时，一般1个叶筒内只有1只幼虫。

【形态特征】

1）成虫。身体为黄褐色。前翅为栗褐色，内横线呈深褐色锯齿形，中室内有1丛深褐色鳞片；外横线呈褐色弯曲，如波纹状，外侧色浅。内外横线之间为深栗褐色，后翅为暗褐色。

2）卵。椭圆形，长0.8毫米，肉红色。数粒卵密集排列成鱼鳞状，上覆胶质物。

3）幼虫。老熟幼虫体长31~42毫米，全体着生稀疏短毛，头部为黑褐色。体躯部背线为深棕色，亚背线和气门线为黑褐色，间有黄褐色斑纹，气门线以下为棕黄色至浅黄色。

4）蛹。长13~19毫米，黄褐色。

5）茧。深褐色，牛皮纸状，扁椭圆形，长约20毫米。

【发生特点】1年发生1代，以老熟幼虫在根颈部及土中结茧越冬。第2年6月中旬越冬幼虫开始化蛹，化蛹盛期在6月底~7月中旬。6月下旬开始羽化出成虫，7月中旬为羽化盛期，末期在

8月上旬。7月上旬孵化幼虫危害叶片，7月末~8月初为盛期。8~9月入土越冬，入土深度为3~8厘米。成虫寿命为2~4天，具有趋光性，平均每只雌虫产卵1000~1200粒。

【防治方法】

1）农业防治。利用幼虫在根际周围结茧越冬的习性，在封冻前或封冻后挖茧，消灭越冬幼虫。利用成虫产卵于树冠外围并缀叶成巢的习性，剪下巢网，沤肥或喂鸡，消灭部分幼虫。

2）物理防治。利用成虫的趋光性，于成虫羽化盛期，即6月下旬~7月上中旬，设灯诱杀，消灭成虫。

3）生物防治。幼虫期可用白僵菌粉剂喷洒；幼虫老熟入土期，于树冠下地面撒施白僵菌粉，然后耙松土层，以消灭入土幼虫。

4）化学防治。6~8月为幼虫危害高峰期，发生严重时，用50%辛硫磷乳油1000倍液或5%氯氰菊酯乳油2000倍液喷洒枝叶，均可收到良好效果。

12. 核桃星尺蛾 >>>>

核桃星尺蛾［*Ophthalmitis albosignaria*（Bremer Grey）］又名核桃四星尺蛾，俗称绿大头虫，属鳞翅目尺蛾科。该虫分布在山西、河南、河北、北京、云南等地区，在河北、河南和山西交界的太行山区发生危害严重，除危害核桃树外，还危害木橑等。

【危害症状】核桃星尺蛾以幼虫分散取食叶片（图3-43），3龄前幼虫受惊动吐丝下垂，小幼虫先危害嫩叶，随着龄期增大，转食老叶，由叶缘向内食害，仅留叶脉。

图3-43 核桃星尺蛾危害症状

【形态特征】

1）成虫。黄白色，体长约18毫米。前翅为污白色至浅灰褐色，前、后翅上的4个黑斑较大且显著，中有箭头纹，后缘有Z字形黑斑。

2）卵。椭圆形，长 0.8~1 毫米，初产时为翠绿色，孵化前变为黑褐色，排列成块。

3）幼虫。初孵幼虫体长约 2 毫米，褐色，胸部稍膨大。老熟幼虫体长约 55 毫米，头部为黄褐色，布有许多白色颗粒状突起；背面为暗褐色，两侧有黄色宽带，上有黑色曲线（图 3-44）。

图 3-44　核桃星尺蛾幼虫

4）蛹。长约 25 毫米，黑褐色。胸背前方两侧各有 1 个耳状突起，其间有 1 条横隆起线与胸背中央纵隆起线相交，构成 1 个明显的十字纹。尾端有 1 个刺状突起。

【发生特点】 该虫 1 年发生 2 代，以蛹在核桃树下的石块、土缝、枯叶草丛中过冬。第 2 年 6 月中下旬成虫羽化，成虫具有趋光性，昼伏夜出，白天静伏于树干、小枝或岩石上，夜间 21：00~23：00 最活跃。卵产于叶片背面或枝条上，成块状，每块有 100 多粒卵。7 月幼虫孵化危害，幼虫静止时身体贴在枝条上，老熟幼虫坠地入土化蛹。8 月成虫羽化，9 月出现第 2 代幼虫危害，10 月后老熟下树入土结茧过冬，多在树根附近潮湿疏松的土中或石块下化蛹。

【防治方法】

1）农业防治。人工挖茧，消灭过冬幼虫。

2）化学防治。树上喷药，在卵和幼虫期喷药防治效果好，喷洒药剂同核桃缀叶螟。

13. 美国白蛾 >>>>

美国白蛾（*Hyphantria cunea* Drury）又名美国灯蛾、秋幕毛虫、秋幕蛾，属鳞翅目灯蛾科。该虫为多食性害虫，可危害 200 多种林木、果树，尤其以阔叶树为重，分布于辽宁、河北、山东、北京、天津、陕西、河南、吉林等地。

【危害症状】 美国白蛾以幼虫蚕食树木叶片，初孵幼虫有吐丝结网、群居危害的习性。每株树上多达几百只、上千只幼虫危害，常把整株树的叶片食光，严重影响树体生长和果实发育。

【形态特征】

1）成虫。白色中型蛾，体长13~15毫米。多数个体腹部为白色，无斑点；少数个体腹部为黄色，上有黑点。雄成虫触角为黑色，栉齿状，前翅散生黑褐色小斑点；雌成虫触角为褐色，锯齿状，前翅为纯白色（图3-45）。

2）卵。圆球形，直径约为0.5毫米，有光泽，单层排列成块，上面覆盖白色鳞毛。初产为浅黄绿色或浅绿色，后变成灰绿色，孵化前变成灰褐色。

3）幼虫。老熟幼虫体长28~35毫米，头部为黑色，身体为黄绿色至灰黑色，背线、气门上线、气门下线为浅黄色。背部毛瘤为黑色，体侧毛瘤多为橙黄色，毛瘤上着生白色长毛丛（图3-46）。

4）蛹。体长8~15毫米，暗红褐色，腹部各节除节间外，布满凹陷刻点，有臀刺8~17根，每根臀刺的末端呈喇叭口状，中间凹陷。

图3-45　美国白蛾雌成虫

图3-46　美国白蛾老熟幼虫

【发生特点】美国白蛾在辽宁1年发生2代，在山东1年发生3代，以蛹在树皮下或地面枯枝落叶处越冬，每年的4月下旬~5月下旬，是越冬代成虫羽化期，并产卵。幼虫5月上旬开始危害，孵化后吐丝结网，群集于网中取食叶片，叶片被食尽后，幼虫移至枝杈和嫩枝的其他部分织新网危害。7月上旬，当年第1代成虫出现。第2代幼虫7月中旬开始发生，8月中旬为危害盛期。第3代幼虫从9月上旬开始危害，直至11月中旬；10月中旬，第3代幼虫陆续化蛹越冬。

【防治方法】

1）农业防治。田间发现网幕后及时剪除，人工杀死幼虫。若幼虫已分散，则在幼虫下树化蛹前采取树干绑草把的方法诱集下树化蛹的幼虫，定期集中处理草把。

2）物理防治。在成虫发生期，把美国白蛾诱芯放入诱捕器内，将诱捕器挂设在核桃园周边，直接诱杀雄成虫，阻断害虫交尾，降低繁殖率，达到消灭害虫的目的。

3）生物防治。春季在田间释放周氏啮小蜂（图3-47），这种小蜂可以找到美国白蛾虫蛹，进行产卵寄生。

图3-47 释放周氏啮小蜂

4）化学防治。田间做好监测，在低龄幼虫初发期，树上喷洒2.5%高效氯氟氰菊酯微乳剂1500倍和25%灭幼脲悬浮剂2000倍液的混合液防治。

14. 核桃潜叶蛾 >>>>

核桃潜叶蛾（*Acrocercops transecta* Meyrick）是核桃的次要害虫之一，属鳞翅目细蛾科。该虫主要危害核桃幼树，个别年份局部暴发危害严重，国内主要分布于陕西、甘肃、山东等地。

【危害症状】 核桃潜叶蛾以幼虫潜入叶片内取食叶肉，早期形成弯曲的虫道，后期片状危害形成大的虫斑，造成叶片表层与叶肉脱离，从外面可看到虫斑内的幼虫和虫粪（图3-48~图3-50）。发生严重时，1片叶

图3-48 核桃潜叶蛾危害症状

有多只虫，可造成叶片残损、光合作用效率降低，甚至引发叶片脱落，影响树势。

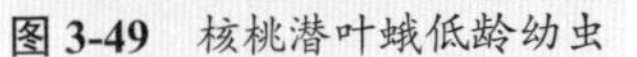
图 3-49 核桃潜叶蛾低龄幼虫

图 3-50 核桃潜叶蛾老熟幼虫

【形态特征】目前尚未查到对该虫的鉴定报道，只在田间观察到幼虫潜叶危害，无法描述其形态特征。

【发生特点】核桃潜叶蛾 1 年发生 1 代，以蛹在土壤中越冬。第 2 年核桃展叶期，越冬蛹羽化为成虫，产卵于嫩梢或叶脉边缘，幼虫孵出后潜入叶片内取食叶肉，形成虫道和虫斑。在陕西商洛，4 月出现越冬代成虫，幼虫发生于 5 月中旬~7 月中旬，6~7 月为幼虫发生危害盛期。8 月以后，幼虫老熟落地入土化蛹，逐渐进入越冬状态。

【防治方法】

1）农业防治。结合秋季施基肥，翻动土壤，可使部分越冬蛹裸露地表晒干或冻死。

2）物理防治。结合防治核桃举肢蛾，在核桃发芽前于树下覆盖防草布，阻碍成虫出土上树。

3）生物防治。8 月老熟幼虫落地入土期，地面喷洒昆虫病原线虫悬浮液或白僵菌悬浮液。

4）化学防治。在成虫产卵期，树上均匀喷洒 25% 灭幼脲悬浮剂 2000 倍液或 5% 氯氰菊酯乳油 1200 倍液。

15. 樗蚕 >>>>

樗（chū）蚕（*Philosamia cynthia* Walker et Felder）属鳞翅目大

蚕蛾科。该虫危害核桃树、石榴树、柑橘树、蓖麻、花椒树、臭椿（樗）、银杏树、槐树、柳树等，分布在东北、华北、华东、西南各地。

【危害症状】樗蚕以幼虫食叶和嫩芽，轻者食叶成缺刻或孔洞，严重时把叶片吃光。

【形态特征】

1）成虫。体色为青褐色，体长25~33毫米，翅展127~130毫米。腹部背面各节有白色斑纹6对，其中间有断续的白纵线。前翅为褐色，前翅顶角后缘呈钝钩状，顶角圆而突出；前、后翅中央各有1个较大的新月形斑，斑上缘为深褐色，中间半透明，下缘为土黄色；外侧具有1条纵贯全翅的宽带，中间为粉红色，外侧为白色，内侧为深褐色，基角为褐色，其边缘有1条白色曲纹（图3-51）。

图3-51 樗蚕成虫
（王振华 供图）

2）卵。灰白色或浅黄白色，有少数暗斑点，扁椭圆形，长约1.5毫米。

3）幼虫。初孵幼虫为浅黄色，有黑色斑点；中龄后全体被白粉，青绿色；老熟幼虫体长55~75毫米，头部、前胸、中胸上有对称的蓝绿色棘状突起（图3-52）。

图3-52 樗蚕老熟幼虫
（闫家河 供图）

4）蛹。椭圆形，长26~30毫米，棕褐色，外包丝质茧。

5）茧。茧呈口袋状或橄榄形，长约50毫米，上端开口，用丝缀叶而成，土黄色或灰白色。

【发生特点】北方1年发生1~2代，南方年发生2~3代，以蛹在茧内越冬。在四川，樗蚕越冬蛹于4月下旬开始羽化为成虫，成虫有趋光性，寿命为 5~10 天。卵产在叶片正面和背面，聚集成堆或块状，每只雌虫产卵 300 粒左右，卵期为 10~15 天。初孵幼虫有群集习性，3~4 龄后逐渐分散危害。在枝叶上由下而上昼夜取食，并可迁移。幼虫历经 30 天左右，老熟后即在树上缀叶结茧，树上无叶时，则下树在地被物上结褐色粗茧化蛹。

【防治方法】

1）农业防治。成虫产卵或幼虫结茧后，可组织人力摘除，也可直接捕杀，摘下的茧可用于缫丝和榨油。

2）物理防治。成虫有趋光性，掌握好各代成虫的羽化期，适时用杀虫灯进行诱杀，可收到良好的治虫效果。

3）生物防治。保护利用天敌，或喷施高效 Bt 粉剂或杀螟杆菌粉剂。

4）化学防治。发生数量少时，一般不需专门喷药防治，可在防治核桃举肢蛾、潜叶蛾、蚜虫时兼治。樗蚕低龄幼虫不抗药，喷洒常用的菊酯类杀虫剂均能防治。

16. 绿尾大蚕蛾 >>>>

绿尾大蚕蛾（*Actias selene ningpoana* Felder）又名燕尾水青蛾，属鳞翅目大蚕蛾科。该虫分布范围和寄主均很广，可危害核桃树、枣树、苹果树、梨树、沙果树、海棠树、葡萄、杨树、柳树、银杏树等。

【危害症状】 绿尾大蚕蛾以幼虫食害核桃叶片，被害叶片仅剩部分叶柄，地面可见虫粪。危害严重时，造成树势衰弱，影响果实产量。

【形态特征】

1）成虫。体长 35~45 毫米，翅展 90~150 毫米。体表覆有浓厚的粉绿白色绒毛，头为暗紫色，触角为黄色、羽毛状。翅为粉绿色，基部有白色绒毛，翅脉明显呈灰黄色，中室末端有 1 个眼状斑，眼状斑与外缘之间有 1 条从前缘至后缘的条带，外侧为黄褐色，内侧内方为橙黄色、外方为黑色（图 3-53）。后翅中室端部也有 1 个眼状斑，后翅臀角延伸呈尾突状，长约 4 毫米，略带有红斑，末端卷折。

2）卵。扁圆形，直径约2毫米，初产时为浅绿色，近孵化时为褐色。

3）幼虫。幼虫共分5龄，随龄期增长体色多变。1龄幼虫为黑褐色，2龄幼虫的第2、3胸节及第5、6腹节为橘黄色，前胸背板为黑色，3龄幼虫为橘黄色，4龄幼虫为嫩绿色。老熟幼虫体色为浓绿色，体节呈六角形，中胸、后胸毛瘤呈明显亮黄色。毛瘤上着生8根左右短刚毛和1根长黑毛，腹节上的毛瘤呈橘黄色或浅红色，上着生1~5根刚毛及1根长黑毛（图3-54）。

图3-53　绿尾大蚕蛾成虫

图3-54　绿尾大蚕蛾幼虫

4）蛹。长45~50毫米，赤褐色，额区有1个浅黄色三角形斑。

5）茧。褐色丝茧，长卵圆形，长50~55毫米，茧壳上常有丝粘连着寄主碎叶。

【发生特点】北方1年发生2代，绿尾大蚕蛾以幼虫在枝条及地上枯草内结褐色丝质茧，在茧内化蛹越冬。第2年5月羽化，第1代幼虫发生在6月初~8月中旬，老熟后在枝条上作茧。第2代幼虫发生在8月中旬~10月上旬，作茧越冬。成虫有趋光性。1~2龄幼虫群集取食，3龄幼虫分散开，食量大增。

江西1年发生2~3代，第2年3月中下旬越冬代开始羽化，1代幼虫发生期为4月中旬~6月上旬，第2代幼虫发生期为6月中旬~8月上旬，第3代幼虫发生期为8月中旬~11月上旬。

【防治方法】

1）农业防治。田间发现幼虫和茧后，及时摘除并灭杀。

2）物理防治。成虫出现期设置杀虫灯进行诱杀。

3）生物防治。低龄幼虫期，树上喷洒 Bt 制剂。

4）化学防治。低龄幼虫期，树上喷洒 25% 灭幼脲悬浮剂，或 1.8% 阿维菌素乳油，或 5% 氯氰菊酯乳油 800 倍液防治。

17. 银杏大蚕蛾 >>>>

银杏大蚕蛾（*Dictyoploca japonica* Moore）属鳞翅目大蚕蛾科。该虫在国内广泛分布，可危害银杏树、核桃树、苹果树、梨树、李树、柿树、板栗树、榛树、枫香等多种植物叶片，影响树木生长和果品产量。

【危害症状】 银杏大蚕蛾以各龄幼虫蚕食核桃树叶片，使叶片形成孔洞、缺刻，甚至吃光。老熟幼虫食量很大，虫量多时可将全树叶片吃掉。

【形态特征】

1）成虫。体长 25~60 毫米，翅展 90~150 毫米，体色为灰褐色或紫褐色。雌蛾触角呈栉齿状，雄蛾呈羽状。前翅内横线为紫褐色，外横线为暗褐色，两线近后缘处相接近，中间呈三角形浅色区，中室端部具有月牙形透明斑。后翅从基部到外横线间具有较宽的红色区，亚端线区为橙黄色，端线为灰黄色，中室端部有 1 个大眼状斑，斑内侧具有白纹。后翅臀角处有 1 个白色月牙形斑。

2）卵。长 2.2 毫米左右，椭圆形，灰褐色，1 端具有黑斑。

3）幼虫。老熟幼虫体长 80~110 毫米。体色为黄绿色或青蓝色。背线为黄绿色，亚背线为浅黄色，气门上线为青白色，气门线为乳白色，气门下线、腹线处为深绿色，各体节上具有青白色长毛及突起的毛瘤，其上生黑褐色硬长毛（图 3-55）。

图 3-55 银杏大蚕蛾老熟幼虫
（高其富　供图）

4）蛹。长 30~60 毫米，污黄色至深褐色，外包黄褐色网状丝茧。

【发生特点】北方1年发生1代，南方1年发生2代。银杏大蚕蛾以卵在树干上越冬。第2年5月上旬越冬卵开始孵化，5~6月进入幼虫危害盛期，6月中旬~7月上旬于树冠下部枝叶间结丝茧化蛹，8月中下旬成虫羽化、交尾和产卵。卵多产在树干下部1~3米处及树杈处，数十粒至百余粒聚集排列成块。成虫有较强趋光性，飞翔能力强。

【防治方法】

1）农业防治。田间发现卵块、幼虫、虫茧，立即灭杀。

2）物理防治。成虫发生期，用杀虫灯诱杀。

3）生物防治。银杏大蚕蛾经常严重发生的区域，在其产卵期于田间释放赤眼蜂。

4）化学防治。可在防治核桃举肢蛾及其他害虫时兼治。

18. 舞毒蛾 >>>>

舞毒蛾（*Lymantria dispar* Linnaeus）又名柿毛虫，属鳞翅目毒蛾科，是一种世界性害虫，食性很杂，可危害多种针叶类和阔叶类果树。

【危害症状】舞毒蛾以幼虫取食核桃树叶片，使叶片形成孔洞、缺刻，甚至吃光，影响树体生长，造成减产。

【形态特征】

1）成虫。雌、雄成虫身体异型。雄成虫体长约20毫米，前翅为茶褐色，有4~5条波状横带（图3-56）。雌成虫体长约25毫米，前翅为灰白色，每2条脉纹间有1个黑褐色斑点，腹部末端有黄褐色毛丛（图3-57）。

图3-56 舞毒蛾雄成虫（宫庆涛 供图）

2）卵。圆形稍扁，直径为1.3毫米，数百粒至上千粒产在一起聚集成卵块，其上覆盖有很厚的黄褐色绒毛。

3）幼虫。老熟幼虫体长50~70毫米，头为黄褐色有八字形黑色纹。前胸至腹部第2节的毛瘤为蓝色，腹部第3~9节的7对毛瘤为红色（图3-58）。

4）蛹。体长19~34毫米，雌蛹大，雄蛹小。体色为红褐色或黑褐色，体表被锈黄色毛丛。

图3-57　舞毒蛾雌成虫

图3-58　舞毒蛾幼虫
（闫家河　供图）

【发生特点】该虫1年发生1代，以卵块在梯田堰缝、石缝、树干主枝下部隐蔽处越冬。核桃发芽时开始孵化幼虫，此后上树危害。开始时日夜危害，2龄后多为晚上取食。幼虫期约为60天，5~6月危害最重，6月中下旬陆续老熟，爬到隐蔽处结茧化蛹。

【防治方法】如果该虫在核桃园发生数量少，可结合防治核桃举肢蛾一起喷药防治。如果发生数量大，就需要专门喷洒2.5%溴氰菊酯乳油2000倍液或20%杀灭菊酯乳油1000倍液。傍晚喷药效果好。

19. 大袋蛾 >>>>

大袋蛾（*Clania vartegata* Snellen）又名大蓑蛾、避债蛾，俗称布袋虫、吊死鬼、背包虫。该虫属鳞翅目袋蛾科，分布广泛、食性多样，可危害多种果树和林木。

【危害症状】大袋蛾以幼虫蚕食核桃树叶片，形成大孔洞和缺刻，严重时把叶食光。

【形态特征】

1）成虫。雄成虫体长15~17毫米，前翅外缘处有4~5个长形透明斑；雌成虫体长25毫米左右，翅、足均退化，头小、呈黄褐色，腹大、呈乳白色。

2）卵。椭圆形，浅黄色，长约0.9毫米。

3）幼虫。初龄时为黄色，少斑纹，3龄时能区分雌雄。雌性老熟幼虫体长25~40毫米，粗肥，头部为赤褐色，头顶有环状斑，腹部为黑褐色，各节有皱纹。雄性老熟幼虫体长18~25毫米，头部为黄褐色，中央有1个白色八字形纹，腹部为黄褐色，背面有横纹。幼虫体外有用植物残屑和丝织成的袋囊，终生负囊生活。老熟幼虫袋囊长40~70毫米，丝质坚实，囊外附有碎叶片和小枝梗（图3-59）。

4）蛹。雌蛹体长28~32毫米，赤褐色（图3-60）。雄蛹体长18~24毫米，暗褐色，尾部具有2枚小臀刺。

图3-59 大袋蛾的袋囊

图3-60 袋囊内的雌蛹

【发生特点】我国大部分地区1年发生1代。绝大部分以老熟幼虫在袋囊中越冬，越冬幼虫至第2年春季一般不再活动或稍微活动取食。在河南西部，大袋蛾幼虫于4月下旬~6月下旬化蛹，5月上旬为化蛹盛期；5月中旬~7月上旬为成虫羽化期，并很快交尾产卵；5月下旬~7月下旬为幼虫孵化期，11月以后老熟幼虫在枝上封袋囊过冬。

【防治方法】摘杀袋囊内的幼虫，结合冬季修剪和日常田间管理，人工摘除袋囊，并把其内的幼虫杀死。或者直接用果枝剪剪碎袋囊，杀死其内幼虫。

20. 铜绿丽金龟 >>>>

铜绿丽金龟（*Anomala corpulenta* Motschulsky）又名铜绿金龟子、青金龟子、浅绿金龟子，俗名铜克螂，幼虫被称为蛴螬，在全国各地均有发生。该虫可危害苹果树、桃树、李树、杏树、海棠树、梨树、樱桃树、核桃树、板栗树等，还危害花生、马铃薯和多种林木。以成虫在夜间危害各种果树的叶片，特别是对核桃幼树危害严重。

【危害症状】铜绿丽金龟主要以成虫取食核桃树叶片，造成叶片缺刻，或把整个叶片吃光（图 3-61），仅剩主叶脉。严重影响叶片功能，阻碍树体生长发育。

图 3-61　铜绿金龟子危害症状

【形态特征】

1）成虫。长椭圆形，体长约 1.5 厘米。全身为铜绿色，有闪亮光泽，头和胸部颜色稍深（图 3-62）。触角呈鳃叶状。鞘翅上有 4 条纵脉，肩部具疣突，翅面布满细密刻点。雌成虫腹面为黄白色，雄成虫腹面为黄褐色。

图 3-62　铜绿金龟子成虫

2）卵。椭圆形至圆形，长约 1.8 毫米。卵壳光滑，为乳白色。

3）幼虫。老熟幼虫体长 30~33 毫米，乳白色，头为黄褐色。静止时虫体成 C 形弯曲（图 3-63）。

【发生特点】该虫在北方1年发生1代，以老熟幼虫在土壤内越冬。第2年春季升温后，幼虫取食危害农作物地下根系、块茎，以及果苗和杂草的根系。成虫一般于5月中旬羽化，6月初成虫开始出土。在山东中部，6月中旬~7月上旬是铜绿丽金龟成虫上树危害高峰期。成虫白天隐伏于灌木丛、草丛中或树冠下3~6厘米深的表土层内，黄昏时出土，然后飞到果树上取食叶片，并进行交尾，闷热无雨的夜晚活动最盛。成虫有假死习性和强烈的趋光性。出土后10天左右开始产卵，卵多散产在3~10厘米深的疏松土壤中。幼虫孵出后在土壤中取食花生荚果、马铃薯块茎、植物细根等。

图3-63 铜绿金龟子幼虫

【防治方法】

1）农业防治。成虫夜间上树取食、交尾期间，人工捕杀成虫。秋冬季节翻耕土壤，使幼虫裸露土表冻晒而死。猪、牛、鸡粪等厩肥，必须经过充分腐熟后方可施用。

2）物理防治。利用成虫的趋光性，成虫发生期于果园外面设置黑光灯或频振杀虫灯诱杀成虫。或把杀虫灯放置在喷药池、鱼塘上方。

3）生物防治。在春季和秋季的幼虫发生期，地面喷洒或浇灌昆虫病原线虫或白僵菌（绿僵菌）液，使其寄生土壤内的幼虫。

4）化学防治。成虫发生期树冠喷布5%高效氯氰菊酯乳油1000倍液。在树盘内或园边杂草处施40%辛硫磷乳油600~800倍液，施后浅锄入土，可毒杀大量潜伏在土中的成虫。

21. 核桃鞍象 >>>>

目前核桃鞍象（*Neomyllocerus hedini* Marshall）在国内发生危害较轻，对该虫的研究较少。

【危害症状】核桃鞍象以成虫啃食核桃幼芽和叶片，专吃叶肉，有的甚至把全叶吃光，只剩主脉，不仅直接影响核桃等寄主植物的抽梢和生长，而且还影响开花与结果。

【形态特征】

1）成虫。体长4~6毫米，体色为黑色或红褐色。喙向前延伸，喙宽大于长，茶褐色触角着生在喙的端部。鞘翅中央有许多不规则的暗褐色斑点。

2）卵。椭圆形，长0.2~0.3毫米，乳白色。

3）幼虫。老熟幼虫体长4~6毫米，乳白色，肥胖弯曲，头为黄褐色。

4）蛹。体长4~6毫米，乳白色，裸蛹。

【发生特点】1年发生1代，少数是2年发生1代。核桃鞍象以幼虫在地表6~13厘米的土层内筑1个长6~8.5毫米、宽2~3毫米的椭圆形蛹室越冬。当土温上升到10℃以上时开始活动和取食。3月底~4月初开始化蛹，羽化后在蛹室内停留3~5天后出土上树危害。核桃鞍象的发生危害期在全国各地不同，在广东发生于3月下旬~7月中旬；在广西发生于4月下旬~6月下旬；在云南发生于5月下旬~7月下旬；在四川发生于5月上旬~7月下旬；在湖北发生于9月中旬。成虫出土早晚与当年雨季来临的早晚有关，雨季来得早，成虫出土就早，反之出土就迟。成虫寿命长，在核桃等林木上的危害期长达2~3个月。成虫经过多次交尾后，6月中旬开始在树下土壤内产卵，7月上旬~8月上旬为产卵盛期。卵散产，孵化的幼虫在土壤中取食草根和腐殖质，发育成熟后在土壤内直接越冬。

【防治方法】

1）农业防治。冬季树盘翻耕，可消灭部分越冬虫，还可兼治核桃举肢蛾。

2）生物防治。可参考核桃举肢蛾的生物防治方法。

3）化学防治。成虫危害期，树上喷5%高效氯氰菊酯乳油2000倍液。

22. 斑衣蜡蝉

斑衣蜡蝉（*Lycorma delicatula* White）俗称花姑娘、椿蹦、花蹦蹦，属同翅目蜡蝉科。该虫在国内广泛分布，寄主很多，可危害核桃、葡萄、板栗、椿等多种果树和林木。

【危害症状】 斑衣蜡蝉以成虫、若虫群集在叶片背面、嫩梢上刺吸，影响果树和林木生长。

【形态特征】

1）成虫。体长 15~25 毫米，全身为灰褐色；前翅基部约 2/3 为浅褐色，翅面上有 20 个左右的黑点，端部约 1/3 为深褐色；后翅基部为鲜红色，上有黑点，端部为黑色。头角向上卷起，呈短角突起（图 3-64）。

图 3-64 斑衣蜡蝉成虫

2）卵。长柱形，长约 5 毫米，褐色，排列成块，每块有 40~50 粒卵，上面覆盖土褐色蜡粉（图 3-65 和图 3-66）。

图 3-65 斑衣蜡蝉卵块

图 3-66 斑衣蜡蝉孵化后的卵块

3）若虫。随虫龄变化体色发生变化。初孵若虫身体为白色，后变为黑色，身上有许多小白斑（图 3-67）。4 龄若虫体背呈红色，上有黑白相间的斑点（图 3-68）。

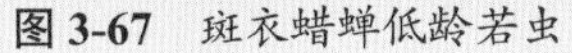

图 3-67　斑衣蜡蝉低龄若虫

图 3-68　斑衣蜡蝉 4 龄若虫

【发生特点】 1 年发生 1 代。斑衣蜡蝉以卵黏附在树干或附近建筑物上越冬。第 2 年 4 月中下旬若虫开始孵化。经 3 次蜕皮，7 月羽化为成虫，8 月中旬开始交尾产卵，活动危害至 10 月。成虫、若虫均具有群栖性，栖息时头翘起，有时可数十只群集成 1 条直线排列在新梢上。该虫善于跳跃，遇到惊扰便迅速跳开或移动躲避。

【防治方法】

1）农业防治。结合冬季修剪，砸烂卵块。

2）化学防治。该虫不抗药，可结合防治核桃举肢蛾一起喷药防治。

23. 茶翅蝽 >>>>

茶翅蝽（*Halyomorpha picus* Fabricius）又称臭木蝽象、臭蝽象、臭板虫、臭妮子、臭大姐，属半翅目蝽科，在国内广泛分布。该虫食性很杂，可危害核桃树、桃树、杏树、樱桃树、李树、苹果树、梨树、枣树等多种果树，还危害多种林木、花卉、蔬菜等。

【危害症状】 茶翅蝽以成虫和若虫刺吸危害核桃树嫩梢、叶片和果实，影响树势和果实生长。

【形态特征】

1）成虫。体色为茶褐色，扁椭圆形，体长约 15 毫米，宽约 8 毫米。前胸背板、小盾片和前翅革质上分布多个黑褐色刻点，前胸背板前缘横列 4 个黄褐色小点，小盾片基部横列 5 个小黄点，两侧黄色斑点明显。触角为黄褐色至褐色，第 4 节两端及第 5 节基部为黄色（图 3-69）。腹部有臭腺，受到惊扰后即分泌臭液自卫，臭味很浓。

2）卵。短圆筒形，直径为 1 毫米左右，有假卵盖，卵壳表面光滑。初产卵为灰白色，孵化前变成黑褐色，常 20~30 粒并排在一起。

3）若虫。初孵若虫近圆形，体色为白色，腹部为黄白色；后体色变为黑褐色，腹部变为浅橙黄色，各腹节两侧节间有 1 个长方形黑斑，共 8 对；老熟若虫与成虫相似，无翅，腹部背面有 6 个黄色斑点，触角和足上有黄白色环斑（图 3-70）。

图 3-69　茶翅蝽成虫

图 3-70　茶翅蝽老熟若虫

【发生特点】 茶翅蝽 1 年发生 1~2 代，以受精的雌成虫在果园内及附近建筑物的缝隙、土缝、石缝、树洞内越冬。第 2 年核桃树萌芽时开始出蛰活动，上树危害嫩梢、花蕾和果实。6 月产卵于叶片背面，数个卵粒排在一起。6 月中下旬为卵孵化盛期，8 月中旬为第 1 代成虫发生盛期。第 1 代成虫可很快产卵，并发生第 2 代若虫。10 月以后成虫陆续进入越冬场所。成虫和若虫受到惊扰或触动时，即分泌臭液，并迅速逃逸。越冬代成虫平均寿命为 301 天，最长可达 349 天。

【防治方法】

1）农业防治。秋冬季节，在果园附近的建筑物内，尤其是屋檐下常聚集大量成虫，在其上爬行或静伏，可人工捕杀。成虫产卵期查找卵块并摘除。

2）生物防治。茶翅蝽的天敌有很多，如寄生蜂、小花蝽、三突

花蛛、蠋蝽等。在卵期，可以在田间释放人工繁殖的平腹小蜂。

3）化学防治。在成虫越冬期，将果园附近的空屋及果园内的看护房密封，用敌敌畏烟雾剂进行熏杀。田间虫量大时，在幼、若虫发生期，树上均匀喷药防治。药剂可选用 2.5% 功夫菊酯乳油 2500~3000 倍液、4.5% 高效氯氰菊酯乳油 1500~2000 倍液等。

24. 桑盾蚧 >>>>

桑盾蚧［*Pseudaulacaspis pentagona*（Targioni-Tozzetti）］又名桑白蚧、桑白盾蚧、桑介壳虫、桃介壳虫，俗名树虱子，属同翅目盾蚧科。该虫在我国分布范围广，发生危害较重，可危害核桃树、桃树、李树、杏树、樱桃树、枇杷树、桑树等。

【危害症状】桑盾蚧以若虫和雌成虫聚集固定在核桃枝条上刺吸汁液。2~3 年生枝条受害最重，严重时整个枝条被虫体覆盖呈灰白色，使枝干表面凹凸不平。受害重的枝条和树体生长不良，甚至枯萎死亡。

【形态特征】

1）成虫。雌成虫呈宽卵圆形，体长 1~1.3 毫米，橙黄色或浅黄色，头部呈褐色三角状，体表覆盖灰白色近圆形介壳（图 3-71 和图 3-72），壳长 2~2.5 毫米，背面隆起，壳点为黄褐色。雄成虫的介壳长 1~1.5 毫米，灰白色，长筒形，背面有 3 条隆脊，壳点为橙黄色，位于前端。

图 3-71　桑盾蚧雌成虫介壳

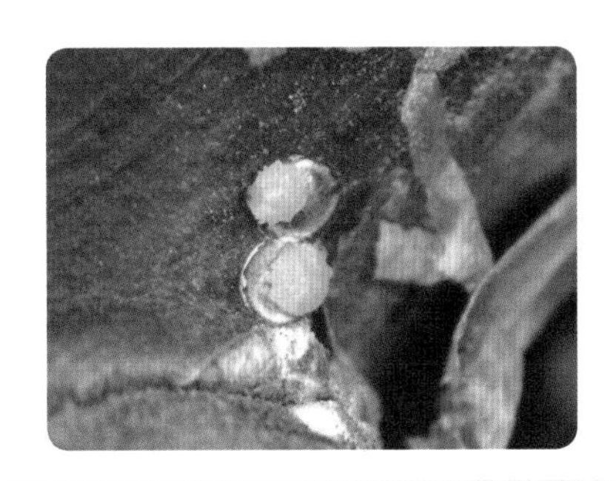

图 3-72　介壳下面的桑盾蚧越冬雌成虫

2）卵。椭圆形，长 0.22~3 毫米，橙色或浅黄褐色。

3）若虫。扁椭圆形，长 0.3 毫米左右，初孵时为浅黄褐色，有触角和足，能爬行，无介壳。2 龄若虫的足消失，逐渐分化成雌、雄虫，有介壳。

【发生特点】国内由北方至南方，1 年发生 2~5 代，江苏、浙江、四川发生 3 代，北方各地发生 2 代。第 2 年核桃树芽萌动后，越冬雌成虫开始吸食枝条汁液，虫体膨大，成虫产卵于介壳下，1 只雌成虫产卵 40~400 粒。若虫孵出后爬出母壳，在母体附近的枝干上吸食汁液，固定后分泌白色蜡粉，形成介壳。10 月出现末代成虫，雌、雄成虫交尾后，雄虫死去，留下受精的雌成虫在枝条上越冬。

【防治方法】

1）农业防治。冬季人工用硬毛刷刮除枝条上的越冬虫体。

2）生物防治。红点唇瓢虫（图 3-73）是其主要捕食性天敌，应注意保护和利用。

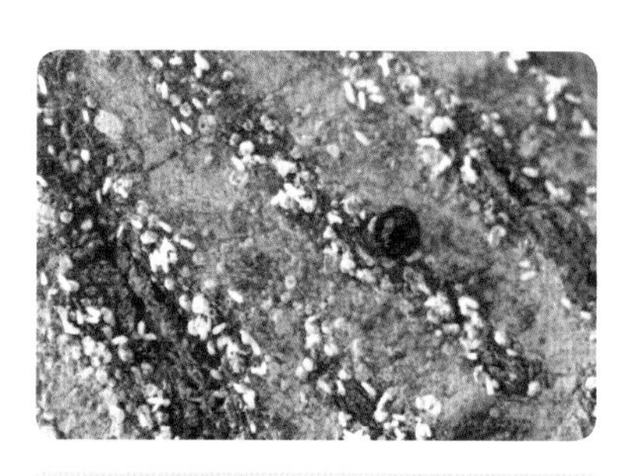

图 3-73　桑盾蚧与红点唇瓢虫成虫

3）化学防治。早春核桃树发芽以前，树上喷洒 5 波美度石硫合剂或 90% 机油乳剂 50 倍液。越冬代卵孵化盛期即若虫分散期，树上喷施 2.5% 高效氯氟氢菊酯 1500 倍液，或 2.5% 溴氰菊酯乳油 3000 倍液，或 3% 啶虫脒乳油 2000 倍液。对于桑盾蚧发生严重的树体，应在核桃收获后喷洒 1 遍吡虫啉药液防治介壳虫，所有枝干都喷洒均匀。

25. 梨圆蚧 >>>>

梨圆蚧（*Quadraspidiotus perniciosus* Comstock）又名梨枝圆盾蚧、梨笠圆盾蚧，在全国各地分布广泛，可危害多种果树，在核桃上主要危害枝条，影响核桃树势。果实受害后，在虫体周围出现 1 圈红晕，虫多时呈现一片红色，严重时造成果面龟裂，商品价值下降。红色果实虫体下面的果面不能着色，擦去虫体后果面出现许多小斑点。

【危害症状】梨圆蚧以成虫、若虫在核桃枝条上刺吸汁液，被害处呈红色圆斑（图 3-74），严重时皮层爆裂，甚至枯死。

图 3-74 梨圆蚧危害的核桃枝条

【形态特征】雌成虫介壳呈扁圆锥形，直径为 1.6~1.8 毫米。介壳为灰白色或暗灰色，表面有轮纹，中心鼓起如尖的圆锥体（图 3-75）。介壳下的虫体为橙黄色，刺吸口器似丝状，位于腹面中央，足已退化（图 3-76）。

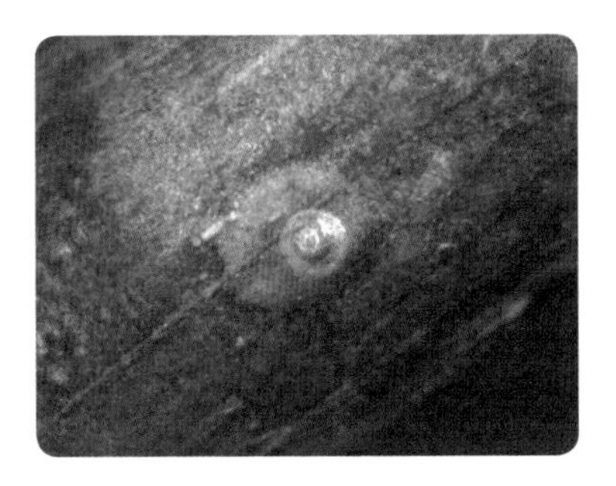

图 3-75 梨圆蚧越冬雌成虫介壳

图 3-76 介壳下的梨圆蚧雌成虫

【发生特点】梨圆蚧在北方 1 年发生 2~3 代，在南方发生 4~5 代，以 2 龄若虫和少数雌成虫越冬。第 2 年果树开始生长时，越冬若虫继续取食，越冬成虫在介壳下发育产卵。由于气候条件的差异，该虫在各地每代的发生时期不同，且有世代重叠现象。在山东烟台地区，第 1 代若虫盛发期在 6 月下旬，第 2 代在 8 月上中旬。若虫出壳后迅速爬行，分散到枝条上危害，以 2~5 年生枝条上虫量较多，若虫爬行一段时间后即固定下来，开始分泌介壳。

【防治方法】防治方法同桑盾蚧。

26. 扁平球坚蚧

扁平球坚蚧（*Parthenolecanium orierdalis* Borchs）又名水木坚蚧、东方盔蚧、糖槭蚧、刺槐蚧。该虫分布于东北、华北、西北、华东等地区，是危害核桃树、白榆、国槐、刺槐、柳树、桑树、小叶杨、苹果树、桃树、葡萄、玫瑰等的重要害虫。

【危害症状】扁平球坚蚧以若虫和成虫危害枝叶和果实，经常排泄无色黏液，落于叶面和果实上，因而阻碍了叶片的生理活动，还招引蝇类吸食和霉菌寄生，呈烟煤状，影响枝干生长。严重时树势衰弱，枝条枯死。

【形态特征】

1）成虫。雌成虫为黄褐色或红褐色，扁椭圆形，体长 3.5~6.5 毫米（图 3-77）。体背隆起，中央有 4 排凹陷，形成 5 条隆脊，体背边缘有横列皱褶。虫体和寄主紧密贴合在一起。

图 3-77　扁平球坚蚧雌成虫

2）卵。长椭圆形，长约 0.5 毫米，表面有 1 层白色蜡粉。初产卵为浅黄白色，孵化前变成黄白色。

3）若虫。初孵若虫呈扁平的椭圆形，浅黄色，半透明状。老熟若虫为浅黄色或灰白色，体背较膨大，体缘有皱褶。

【发生特点】1 年发生 2 代，以 2 龄若虫在枝干裂缝和翘皮下越冬。第 2 年春季，树液活动时越冬虫开始取食，虫体逐渐膨大。5 月下旬开始产卵于介壳下，平均每只雌虫产卵 1300 粒左右。卵期约为 22 天，6 月中旬大量孵化，刚孵化的幼虫在介壳下停留 3~4 天后出来活动，在枝条和叶片上爬行，寻找到合适位置后固定，逐渐发育成成虫。8 月上中旬成虫产卵，9 月上旬孵化第 2 代若虫，迁移到叶片背面和嫩枝上取食。10 月以后，发育成 2 龄若虫，寻找适宜场所越冬。

【防治方法】

1）植物检疫。加强苗木和接穗检疫，严防扁平球坚蚧传播。发现带虫枝条和苗木，集中销毁或用药剂处理。

2）生物防治。扁平球坚蚧的自然天敌很多，如黑缘红瓢虫（图3-78）、草蛉、寄生蜂等，注意保护利用。

图 3-78 黑缘红瓢虫成虫

3）化学防治。若虫出壳活动盛期，树上均匀喷洒4.5%高效氯氰菊酯1500倍液或5%吡虫啉水乳剂2000倍液。

27. 核桃大球蚧 >>>>

核桃大球蚧［*Eulecanium gigantea*（Shinji）］又名瘤大球坚蚧、瘤大球蚧、枣大球蚧、枣球蜡蚧，属同翅目蜡蚧科。该虫分布于国内大部分省份，可危害核桃树、枣树和林木等。

【危害症状】 核桃大球蚧以若虫、雌成虫刺吸核桃树叶片和枝条汁液，影响树体生长和开花结果，造成枝条枯死。越冬雌虫膨大期正值核桃雌、雄花发育分化期，雌虫吸附在枝条上大量吸食汁液，造成枝条营养不能供应给雌、雄花，尤其对雌花影响极大，造成雌花果柄干枯、脱落，难于坐果。

【形态特征】

1）成虫。雌成虫体背面常为红褐色，并分泌出毛绒状蜡被，至受精产卵后，虫体几乎变成半球形，背面强烈硬化而变成黑褐色介壳，壳体长一般为18.8毫米，宽约18毫米，高约14毫米（图3-79和图3-80），

图 3-79 核桃大球蚧雌成虫（背面）

介壳表面有黑灰色斑纹（图 3-81）。

图 3-80　核桃大球蚧雌成虫（腹面）

图 3-81　核桃大球蚧孵化后的介壳

2）卵。长椭圆形，长 0.5~0.7 毫米，初产时为乳白色，逐渐变为浅粉色，孵化前为浅褐色，表面覆盖白色蜡粉（图 3-82）。

3）若虫。初孵若虫为黄白色，呈扁椭圆形，长 0.4~0.6 毫米（图 3-83）。取食固定后若虫渐变为深褐色，分泌蜡粉覆盖虫体，白蜡质介壳边缘有 14 对蜡片，2 根白蜡丝部分露出介壳。

图 3-82　核桃大球蚧卵

图 3-83　核桃大球蚧低龄若虫

【发生特点】 核桃大球蚧在新疆和田地区 1 年发生 1 代，以 2 龄若虫固定在 1~2 年生枝条上越冬。第 2 年 3 月下旬越冬若虫开始活动取食，4 月中下旬是危害盛期。5 月上旬雌成虫产卵于虫体下，每只雌成虫产卵 600~5000 粒。5 月底~6 月初卵孵化为若虫，若虫沿叶脉继续刺吸汁液，并分泌黏液引起煤污病，影响叶片光合作用，导致核桃减产和品质下降。若虫 6~9 月在叶面刺吸，9 月中旬~10月中旬转移回枝，回枝后重新固定，进入越冬期。

【防治方法】

1）农业防治。结合冬、春季果树修剪，剪去枯死枝及虫枝，集中粉碎处理，减少虫口密度。春季虫体膨大期，人工刷除枝干上的虫体。

2）生物防治。介壳虫主要天敌为黑寄生蜂、跳小蜂、瓢虫等，注意保护利用。

3）化学防治。春季核桃发芽前，向树上喷洒石硫合剂。发芽后至开花前，向树上均匀喷洒3%啶虫脒乳油1500倍液，或5%吡虫啉乳油2000倍液，或22%氟啶虫胺腈悬浮剂4000倍液，兼治蚜虫、叶蝉和其他介壳虫。

28. 草履蚧 >>>>

草履蚧［*Drosicha corpulenta*（Kuwana）］又名草鞋蚧、日本履绵蚧，属同翅目硕蚧科。该虫在国内广泛分布，寄主植物多，可危害核桃树、枣树、苹果树、海棠树、樱桃树、桃树、无花果树等多种果树、林木和花卉。

【危害症状】草履蚧以若虫和雌成虫聚集在腋芽、嫩梢、叶片和枝干上吮吸汁液危害（图3-84），使被害树不能适时长叶，叶片小而黄，枝梢干枯，果实长不大，甚至会造成大量落果，使产量大大下降，严重的整树不长叶，干枯死亡。

图3-84 草履蚧危害新梢
（孙广清　供图）

【形态特征】

1）成虫。雌成虫无翅，扁椭圆形，似草鞋底状，故名草履蚧（图3-85）。雌成虫体长约10毫米，分节明显，身体背面为棕褐色，腹面为黄褐色，被一层霜状蜡粉。雄成虫身体呈紫色，长5~6毫米；翅为浅紫黑色，半透明；触角有10节，各节环生细长毛。

2）卵。初产卵为橘红色，有白色絮状蜡丝粘裹。

3）若虫。初孵若虫为棕黑色，腹面颜色较浅。

【发生特点】1年发生1代，主要以卵在土中、石缝内、落叶下、树洞、树杈或老翘皮等处越冬。第2年1月下旬~2月上旬，卵在土中开始孵化，孵化期持续1个多月。若虫出土后沿树干上爬至梢部、腋芽或初展新叶处刺吸。若虫取食后逐渐生长发育成雌、雄成虫，雌性若虫3次蜕皮后即变为雌成虫，雄虫5月下旬开始化蛹，6月上旬雄虫羽化后和雌成虫交尾。交尾后雌成虫下树入土中产卵，卵被白色蜡丝包裹成卵囊，每个卵囊中有卵100多粒。草履蚧若虫、成虫的虫口密度大时，往往群体在树干上下迁移，形成密密麻麻的一层。

图3-85 草履蚧雌成虫（孙广清 供图）

【防治方法】

1）农业和物理防治。冬季清园，消灭在枯枝落叶、杂草与表土中的越冬虫卵。早春，在若虫孵化后上树前，把树干基部20厘米高的老树皮刮净，缠上宽透明胶带，阻隔草履蚧爬行上树，人工或喷药灭杀聚集在树干基部的若虫（图3-86和图3-87）。

图3-86 缠宽透明胶带阻隔草履蚧爬行上树

图3-87 喷洒药剂杀死虫体

2）化学防治。在若虫爬行上树盛期，此时蜡质层未形成或刚形成，对药物比较敏感，可以做到用药量少、防治效果好。用 2.5% 联苯菊酯乳油 1000 倍液或 40% 菊马乳油 1000 倍液均匀喷雾于枝干，间隔 10 天再喷 1 次。

3）生物防治。红点唇瓢虫的成虫、幼虫均可捕食草履蚧的卵、若虫、蛹和成虫；6 月后捕食率可高达 78%，注意保护利用。

29. 核桃小蠹 >>>>

目前报道危害我国核桃树枝干的小蠹有 3 种，分别是黄须球小蠹（*Sphaerotrypes coimbatorensis* Stebbing）小粒绒盾小蠹［*Xyleborinus saxesenii*（Ratzeburg，1873）］和光滑材小蠹（*Xylebrinus germanus* Bald）。它们广泛分布于核桃主产区。

【危害症状】 核桃小蠹以成虫、幼虫蛀食于核桃枝干韧皮部与边材，形成弯曲坑道（图 3-88 和图 3-89）。成虫羽化向外飞出，树皮上留有圆形羽化孔。最后导致枝干衰弱和枯死，甚至导致死树。

图 3-88 核桃小蠹成虫危害的核桃枝干

图 3-89 核桃小蠹幼虫和钻蛀坑道

【形态特征】 黄须球小蠹的成虫体长 2.5~3 毫米，呈椭圆形、黑褐色。前胸背板宽大粗糙，上面生有大小刻点。鞘翅短阔，其上有规则排列的沟 8~10 列。老熟幼虫体长约 3 毫米，呈乳白色，弯曲呈弓形，头小、呈浅褐色。

【发生特点】 核桃小蠹一般 1 年发生 1 代，以老熟幼虫或成虫于被害枝干内越冬。第 2 年 4 月 ~5 月出现成虫，成虫交尾后产卵于树干皮层内。幼虫孵化后即在皮层内蛀食。

【防治方法】

1）农业防治。加强核桃树栽培管理，增强树势，可减轻发生与危害。结合修剪和日常经营管理，彻底清除有虫枝、衰弱枝、风折枝，并集中处理。田间应设置半枯死枝或残枝，诱集小蠹成虫产卵，并将有卵的枯枝集中烧毁。

2）化学防治。成虫发生期，用 50% 辛硫磷乳油 800 倍液喷洒枝干。

30. 核桃小吉丁虫 >>>>

核桃小吉丁虫（*Agrilus lewisiellus* Kere）属鞘翅目吉丁虫科，主要危害核桃树枝条，在山西、山东、河北、河南、陕西、甘肃等核桃产区均有发生。

【危害症状】 核桃小吉丁虫以幼虫在 2~3 年生枝条皮层中呈螺旋形串食，被害处膨大成瘤状（图 3-90），破坏输导组织，致使枝梢干枯，幼树生长衰弱，严重者全株枯死。

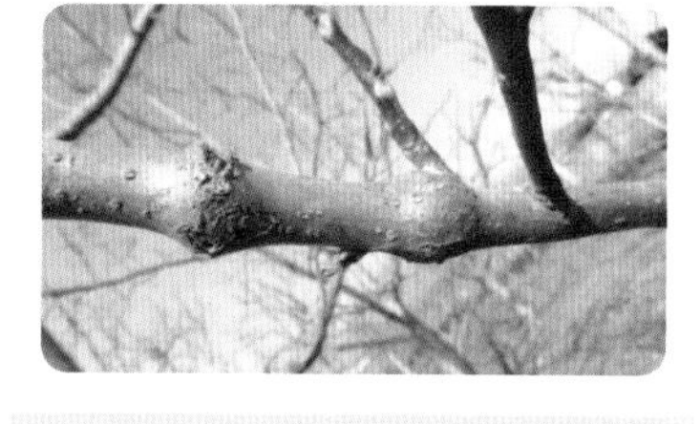

图 3-90 核桃小吉丁虫危害症状

【形态特征】

1）成虫。全体为黑色，体长 4~7 毫米，有铜绿色金属光泽。触角呈锯齿状，复眼为黑色。前胸背板中部稍隆起，头、前胸背板及鞘翅上密布小刻点，鞘翅中部两侧向内陷（图 3-91）。

图 3-91 核桃小吉丁虫成虫

2）卵。扁椭圆形，长约 1.1 毫米，初产为白色，1 天后变为黑色。

3）幼虫。体长 7~20 毫米，扁平，为乳白色。头为棕褐色，缩于第 1 胸节内。胸部第 1 节扁平宽大。背中央有 1 条褐色纵线，腹末端有 1 对褐色尾刺。

4）蛹。裸蛹，初期为乳白色，羽化前变成黑色。

【发生特点】该虫1年发生1代，多数以老熟幼虫在受害枝内越冬。第2年4月中旬核桃展叶期开始化蛹，盛期在4月底~5月初，蛹期为2天左右。成虫发生期为5月上旬~7月上旬，盛期为5月下旬~6月初。6月上旬~7月下旬产卵，卵散产于叶痕附近及叶痕上，或产在成年树粗枝的光皮和幼树树干上，卵期约为10天。6月中旬~8月上旬为幼虫孵化期，幼虫期长达8个月左右。成虫羽化后在蛹室内停留约5天。受害活枝中很少有幼虫越冬，即使有也几乎越冬后死亡。10月开始，幼虫陆续进入越冬。

【防治方法】

1）农业防治。结合休眠期修剪，剪除受害枝并烧毁，消灭越冬幼虫。

2）物理防治。成虫发生期，用杀虫灯诱杀成虫。

31. 桑天牛 >>>>

桑天牛［*Apriona germari*（Hope）］又名核桃天牛，俗名铁炮虫、哈虫，属鞘翅目天牛科。该虫寄主范围广，可危害核桃树、苹果树、梨树、榆树、桑树等。

【危害症状】成虫和幼虫均能危害核桃树。成虫产卵时在树皮上留下U字形伤疤，容易诱发枝干病害。幼虫蛀食枝干的皮层和木质部，蛀孔有黑水流出，并排出木屑和虫粪（图3-92）。桑天牛幼虫在树干或枝条内的危害时间长达1~2年，能使枝条或整株死亡（图3-93），成年树长势弱、减产等。

图3-92 桑天牛幼虫蛀孔
（闫家河 供图）

图3-93 桑天牛危害造成的死树

【形态特征】

1）成虫。体长35~50毫米，身体和前翅面为黑色，局部表面被黄褐色短毛。头部中央有1条纵沟。前胸近方形，背面有多条横皱纹，两侧有刺突。鞘翅基部密生黑色颗粒状突起。

2）卵。长椭圆形，略弯曲，长6~8毫米，初产为乳白色，以后逐渐变成黄白色。

3）幼虫。老熟幼虫体长50~70毫米，浅黄白色，全体肥胖多皱褶（图3-94）。

4）蛹。体长45~55毫米，黄白色，纺锤形。

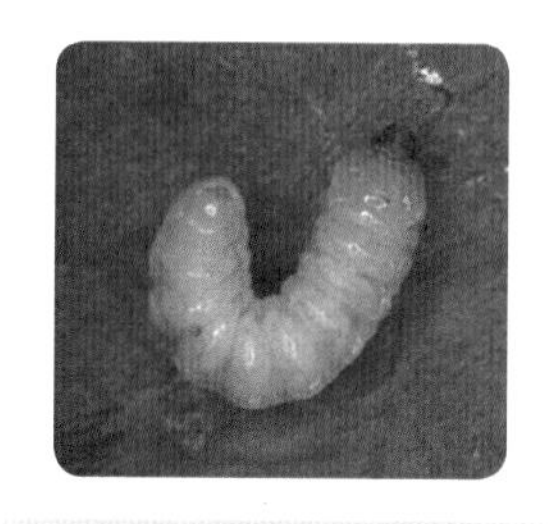

图3-94 桑天牛老熟幼虫（闫家河 供图）

【发生特点】 桑天牛一般在南方1年发生1代，北方2年发生1代，以幼虫在被害树干蛀道里越冬。7月上旬~8月中旬出现成虫，7月中下旬为产卵盛期。成虫在枝干的韧皮层内产卵，产卵前将树皮咬1个U字形的伤口。孵化出的幼虫蛀入木质部或髓心，一般有多个排粪孔。成虫有假死性。

【防治方法】

1）农业防治。成虫发生期，用棍棒敲打震落成虫到地面，然后灭杀成虫。成虫产卵期，检查成虫产卵刻槽或流黑水的地方，寻找卵粒，用刀挖或用锤子等物将卵砸死。从排出新粪便的虫孔，用铁丝插入虫道内刺死幼虫。

2）化学防治。于卵孵化盛期，在产卵刻槽处涂抹50%辛硫磷乳油50倍液，以杀死初孵幼虫。将排粪孔的虫粪清除，用磷化铝药签堵塞（图3-95），或用天牛滴药瓶注药灭杀树干内的幼虫（图3-96）。

图3-95 用药签防治桑天牛

图3-96 用滴药瓶注药防治桑天牛

32. 云斑天牛 >>>>

云斑天牛（*Batocera horsfieldi* Hope）属鞘翅目天牛科。该虫在国内广泛分布，寄主范围广，可危害核桃树、板栗树、枇杷树、柑橘树、白蜡树、杨树、柳树等。

【危害症状】成虫取食嫩枝皮层及叶片，幼虫蛀食核桃树干，由皮层逐渐深入木质部，蛀成斜向或纵向的隧道，蛀道内充满木屑与粪便。受害轻的核桃树逐渐衰弱，严重者树干枯死。

【形态特征】

1）成虫。体长 34~61 毫米，宽 9~15 毫米。体色为黑褐色或灰褐色，密被灰褐色和灰白色绒毛。前胸背板有 1 对白色臀形斑，侧刺突大而尖锐。鞘翅上有白色或浅黄色绒毛组成的云状白色斑纹，鞘翅基部有大小不等的颗粒（图 3-97）。

图 3-97　云斑天牛成虫交尾

2）卵。长 6~10 毫米，宽 3~4 毫米，长椭圆形，略弯曲，初产为乳白色，以后逐渐变成黄白色。

3）幼虫。老熟幼虫体长 70~80 毫米，浅黄白色，身体肥胖多皱褶，前胸腹板主腹片近梯形，前中部生有褐色短刚毛，其余密生黄褐色小刺突。头部除上颚、中缝及额的一部分黑色外，其余都为浅棕色，上唇和下唇着生许多棕色毛。

4）蛹。体长 40~70 毫米，浅黄白色。

【发生特点】云斑天牛 2~3 年发生 1 代，以幼虫和成虫在蛀道内和蛹室内越冬。越冬成虫第 2 年 4 月中旬在树皮上咬 1 个圆形羽化孔外出，5 月为活动盛期，白天栖息在树干和大枝上，夜间活动取食，有趋光性。6 月为产卵盛期，成虫产卵于枝干的树皮内，树皮表面留有产卵伤痕（图 3-98）。卵期为 10~15 天，初孵幼虫蛀食韧皮部，使受害处变黑，树皮胀裂，流出树液，并向外排木屑和虫粪。20~30 天后逐渐蛀入木质部并向上蛀食，第 1 年以幼虫越冬，第 2 年春季幼虫继续在蛀道内取食（图 3-99）。

图 3-98 云斑天牛产卵伤痕

图 3-99 云斑天牛在树干内的蛀道

【防治方法】防治方法同桑天牛的防治方法。

33. 光肩星天牛 >>>>

光肩星天牛［*Anoplophora glabripennis*（Motschulsky）］属鞘翅目天牛科。该虫寄主多、分布广，可危害多种果树和林木。

【危害症状】光肩星天牛以幼虫蛀食核桃树干，危害轻的使树势衰弱，严重的能造成死树。成虫咬食树叶或小枝的树皮和木质部。

【形态特征】

1）成虫。体色为黑色，有光泽，雌虫体长 22~41 毫米。触角呈鞭状，柄节端部膨大，自第 3 节起各节基部呈灰蓝色。前胸两侧各有 1 个刺状突起。鞘翅上各有不规则的由白色绒毛组成的斑纹 20 个左右，有的不清晰；鞘翅基部光滑无小瘤，肩角内侧有刻点（图 3-100）。

图 3-100 光肩星天牛成虫

2）卵。长椭圆形，长 5.5~7 毫米，两端略弯曲，乳白色。

3）幼虫。初孵幼虫为乳白色。老熟幼虫为浅黄色，头部为褐色，体长约 50 毫米（图 3-101）。

图 3-101 光肩星天牛老熟幼虫

4）蛹。乳白色至黄白色，体长 30~37 毫米，宽约 11 毫米。触角前端卷曲呈环形，置于前足、中足及翅上。前胸背板两侧各有 1 个侧刺突。

【发生特点】 1 年发生 1 代或 2 年发生 1 代。光肩星天牛以幼虫在受害枝干内越冬。第 2 年春季气温上升到 10℃以上时，越冬幼虫开始活动。幼虫老熟后在枝干内化蛹，经 41 天左右羽化为成虫。6 月上旬开始出现成虫，盛期在 6 月下旬 ~7 月下旬。6 月中旬成虫开始产卵，7~8 月为产卵盛期，卵期为 16 天左右。幼虫先在树皮和木质部之间取食，25~30 天后开始蛀入木质部，并且向上方蛀食，到 11 月气温下降到 6℃以下，开始越冬。成虫白天多在树干上交尾，雌成虫产卵前先将树皮啃 1 个小槽，在槽内产卵，每槽产 1 粒卵（也有 2 粒的），1 只雌成虫一般产卵 30 粒左右。刻槽多在 3~6 厘米粗的树干上。

【防治方法】 防治方法同桑天牛。

34. 核桃根象甲 >>>>

核桃根象甲（*Dyscerus juglans* Chao）又名核桃横沟象甲、核桃根颈象甲、核桃黄斑象甲，属鞘翅目象甲科。该虫分布于河南、陕西、四川和云南等核桃产区，危害普通核桃、铁核桃、山核桃等树的根颈部，使被害树树势衰弱或整株枯死。

【危害症状】 成虫危害核桃叶片、果实、嫩皮等。受害叶片被吃出长 8~17 毫米、宽 2~11 毫米的长椭圆形孔，被害果实被吃出长 9 毫米、宽 5 毫米的椭圆形孔，深达内果皮。多只幼虫聚集蛀食核桃树根颈部，虫道弯曲，纵横交叉，虫道内充满黑褐色粪粒及木屑。被害树皮纵裂，并流出褐色汁液，影响养分和水分输送，进而影响树体的生长发育。严重时，幼虫将根颈部以下30厘米左右长的皮层蛀成虫斑，随后斑与斑相连，造成树干环割，有时整株枯死（图3-102）。

图3-102 核桃树因核桃根象甲危害而枯死

【形态特征】

1）成虫。体长12~17毫米，体色为黑色，被白色或黄色毛状鳞片。头部延长呈管状，约为体长的1/3，触角呈膝状。胸部背面密布不规则点刻，鞘翅上的点刻排列整齐。鞘翅近中部和端部有数块棕褐色绒毛斑。

2）卵。椭圆形，长1.4~2毫米，初产时为黄白色，后变为黄色至黄褐色。

3）幼虫。老熟幼虫体长14~20毫米，黄白色，头部为棕褐色。肥胖，弯曲，多皱褶。

4）蛹。长14~17毫米，黄白色，末端有2根褐色臀刺。

【发生特点】 在四川、陕西均为2年发生1代，跨3个年度，核桃根象甲以成虫和幼虫越冬。越冬成虫第2年3月下旬开始活动，4月上旬日平均气温为10℃左右时上树取食叶片和果实等进行补充营养，5月为活动盛期，6月上中旬为末期。越冬成虫于6月上中旬下树将卵散产在根颈部1~10毫米深的皮缝内，产卵前咬成直径为1~1.5毫米的圆孔，产卵于孔内，然后用喙将卵顶到孔底，再用树皮碎屑封闭孔口。9月产卵完毕，成虫逐渐死亡。卵期为7~11天，幼虫孵出1天后，开始在产卵孔取食树皮，随后蛀入韧皮部与木质部之间，一般多在表土下5~20厘米深处的根颈部皮层危害；距树干基部140厘米远的侧根也普遍受害；少数幼虫沿根颈部皮层向上取食，最高可达29厘米长，严重时1株树有幼虫60~70只，甚至百余只。

幼虫危害期长，每年3~11月均能蛀食，12月～第2年2月为越冬期，当年以幼龄幼虫在虫道末端越冬，第2年以老熟幼虫越冬，幼虫期长达610~670天。经越冬的老熟幼虫，4月下旬当地温度为17℃时，在虫道末端蛀成长20毫米、宽9毫米的蛹室蜕皮化蛹，5月下旬为化蛹盛期，7月下旬为末期，蛹期为17~29天。成虫于5月中旬（四川）或6月中旬（陕西）日平均气温达15.4℃时开始羽化，6月上旬或7月上旬为羽化盛期，8月中下旬羽化结束。初羽化的成虫不食不动，在蛹室内停留10~15天，然后咬开羽化孔出来后上树补充营养。成虫在夜间交尾，可交尾多次。在四川于8~9月产部分卵，直到10月成对或数个成虫在一起进入核桃树根颈部皮缝内越冬。成虫有假死性和弱趋光性。

【防治方法】

1）农业防治。挖土晾根，冬季结合树盘翻耕，挖开根颈部土壤晾根，降低土壤湿度，可使虫口密度降低75%~85%。灌尿毒杀，冬季上冻前在树盘灌尿，杀虫率达100%。

2）生物防治。降雨季节，用昆虫病原线虫或白僵菌悬浮液灌根，使其寄生害虫。

3）化学防治。春季幼虫开始活动时，挖开树根颈部土壤，灌80%敌敌畏乳剂100倍液、90%敌百虫晶体200倍液。6~7月成虫活动期，向树冠根颈部喷50%辛硫磷乳油1000倍液。

附　　录

附录 A　核桃病虫害周年防治历

物候期	防治对象	防治措施
休眠期（11月~第2年2月）	腐烂病、溃疡病、枯梢病、炭疽病、褐斑病、介壳虫、黄刺蛾	1）结合冬季修剪剪除树上的病虫枝、枯死枝、干僵果，清扫树下落叶、落果、小枝，与粉碎的枝条一起堆积沤肥，消灭里面的病虫 2）树下翻土，破坏越冬害虫的越冬场所，掩埋碎叶 3）冬季用涂白剂将枝干涂白，杀灭枝干上的病原菌和害虫，防止冬季日灼和冻害
萌芽期（3月）	介壳虫、红蜘蛛等多种在枝干上越冬的害虫	1）在主干下部绑扎防虫带阻隔和灭杀草履蚧和红蜘蛛，防止其上树 2）发芽前树上喷洒5波美度石硫合剂，灭杀越冬病原菌和害虫
发芽、展叶、开花期（4月）	冻害、核桃举肢蛾、金龟类	1）如遇低温倒春寒，应提前浇防冻水和喷洒防冻剂，防止花和小幼果冻伤 2）树下喷洒昆虫病原线虫悬浮液，防治土壤内的核桃举肢蛾和铜绿丽金龟幼虫
果实速长期（5月）	核桃举肢蛾、长足象甲、黑斑病、白粉病、炭疽病等	1）田间监测到核桃举肢蛾成虫时，树上连续喷洒2次杀虫和杀菌剂混合液，兼治蚜虫、刺蛾、毛虫、黑斑病、白粉病等 2）注意观察核桃长足象成虫发生期，发现成虫立即喷药防治
果核硬化期（6月）	红蜘蛛、蚜虫、核桃举肢蛾、长足象甲、白粉病、炭疽病、褐斑病、枯梢病、腐烂病等	1）根据病虫监测结果，及时向树上喷洒对应的防治药剂防治病虫，喷药时注意喷洒枝干，防治枝干病害和介壳虫 2）捡拾树下落果，集中起来焚烧或沤肥，灭杀果内的核桃举肢蛾、长足象甲幼虫 3）专门喷洒1~2次波尔多液或喹啉铜，重点防治核桃黑斑病和炭疽病

（续）

物候期	防治对象	防治措施
油脂迅速转化期（7~8月）	核桃举肢蛾、炭疽病、黑斑病等	1）降雨后，树下喷洒1次昆虫病原线虫悬浮液或金龟子绿僵菌CQMa421，防治核桃举肢蛾入土化蛹的幼虫、铜绿丽金龟幼虫及长足象甲成虫、根象甲幼虫 2）在病害发生初期，树上立即喷洒肟菌·戊唑醇，防治炭疽病、褐斑病等，每次都均匀喷洒枝干、叶片和果实
果实成熟期（9月上中旬）	刺蛾类	果实收获前，树上喷洒1次金龟子绿僵菌CQMa421，防治刺蛾类害虫，防止收获核桃时刺蛾伤人
落叶期（10月）	果实病虫害	1）清除树上、树下的病虫果实，集中沤肥处理，灭杀病虫来源 2）树下施基肥松土，壮树抗病 3）树下种植长柔毛野豌豆、蒲公英或诸葛菜

附录B 农药管理条例（有关农药使用的内容）

第一章 总 则

第一条 为了加强农药管理，保证农药质量，保障农产品质量安全和人畜安全，保护农业、林业生产和生态环境，制定本条例。

第二条 本条例所称农药，是指用于预防、控制危害农业、林业的病、虫、草、鼠和其他有害生物以及有目的地调节植物、昆虫生长的化学合成或者来源于生物、其他天然物质的一种物质或者几种物质的混合物及其制剂。

前款规定的农药包括用于不同目的、场所的下列各类：

（一）预防、控制危害农业、林业的病、虫（包括昆虫、蜱、螨）、草、鼠、软体动物和其他有害生物；

（二）预防、控制仓储以及加工场所的病、虫、鼠和其他有害生物；

（三）调节植物、昆虫生长；

（四）农业、林业产品防腐或者保鲜；

（五）预防、控制蚊、蝇、蜚蠊、鼠和其他有害生物；

（六）预防、控制危害河流堤坝、铁路、码头、机场、建筑物和其他场所的有害生物。

第三条　国务院农业主管部门负责全国的农药监督管理工作。

县级以上地方人民政府农业主管部门负责本行政区域的农药监督管理工作。

县级以上人民政府其他有关部门在各自职责范围内负责有关的农药监督管理工作。

第四条　县级以上地方人民政府应当加强对农药监督管理工作的组织领导，将农药监督管理经费列入本级政府预算，保障农药监督管理工作的开展。

第五条　农药生产企业、农药经营者应当对其生产、经营的农药的安全性、有效性负责，自觉接受政府监管和社会监督。

农药生产企业、农药经营者应当加强行业自律，规范生产、经营行为。

第六条　国家鼓励和支持研制、生产、使用安全、高效、经济的农药，推进农药专业化使用，促进农药产业升级。

对在农药研制、推广和监督管理等工作中作出突出贡献的单位和个人，按照国家有关规定予以表彰或者奖励。

第二章　农 药 登 记（略）

第三章　农 药 生 产（略）

第四章　农 药 经 营

第二十四条　国家实行农药经营许可制度，但经营卫生用农药的除外。农药经营者应当具备下列条件，并按照国务院农业主管部门的规定向县级以上地方人民政府农业主管部门申请农药经营许可证：

（一）有具备农药和病虫害防治专业知识，熟悉农药管理规定，能够指导安全合理使用农药的经营人员；

（二）有与其他商品以及饮用水水源、生活区域等有效隔离的营业场所和仓储场所，并配备与所申请经营农药相适应的防护设施；

（三）有与所申请经营农药相适应的质量管理、台账记录、安全防护、应急处置、仓储管理等制度。

经营限制使用农药的，还应当配备相应的用药指导和病虫害防治专业技术人员，并按照所在地省、自治区、直辖市人民政府农业主管部门的规定实行定点经营。

县级以上地方人民政府农业主管部门应当自受理申请之日起20个工作日内作出审批决定。符合条件的，核发农药经营许可证；不符合条件的，书面通知申请人并说明理由。

第二十五条　农药经营许可证应当载明农药经营者名称、住所、负责人、经营范围以及有效期等事项。

农药经营许可证有效期为5年。有效期届满，需要继续经营农药的，农药经营者应当在有效期届满90日前向发证机关申请延续。

农药经营许可证载明事项发生变化的，农药经营者应当按照国务院农业主管部门的规定申请变更农药经营许可证。

取得农药经营许可证的农药经营者设立分支机构的，应当依法申请变更农药经营许可证，并向分支机构所在地县级以上地方人民政府农业主管部门备案，其分支机构免予办理农药经营许可证。农药经营者应当对其分支机构的经营活动负责。

第二十六条　农药经营者采购农药应当查验产品包装、标签、产品质量检验合格证以及有关许可证明文件，不得向未取得农药生产许可证的农药生产企业或者未取得农药经营许可证的其他农药经营者采购农药。

农药经营者应当建立采购台账，如实记录农药的名称、有关许可证明文件编号、规格、数量、生产企业和供货人名称及其联系方式、进货日期等内容。采购台账应当保存2年以上。

第二十七条　农药经营者应当建立销售台账，如实记录销售农药的名称、规格、数量、生产企业、购买人、销售日期等内容。销售台账应当保存2年以上。

农药经营者应当向购买人询问病虫害发生情况并科学推荐农药，必要时应当实地查看病虫害发生情况，并正确说明农药的使用范围、使用方法和剂量、使用技术要求和注意事项，不得误导购买人。

经营卫生用农药的，不适用本条第一款、第二款的规定。

第二十八条　农药经营者不得加工、分装农药，不得在农药中添加任何物质，不得采购、销售包装和标签不符合规定，未附具产品质量检验合格证，未取得有关许可证明文件的农药。

经营卫生用农药的，应当将卫生用农药与其他商品分柜销售；经营其他农药的，不得在农药经营场所内经营食品、食用农产品、饲料等。

第二十九条　境外企业不得直接在中国销售农药。境外企业在中国销售农药的，应当依法在中国设立销售机构或者委托符合条件的中国代理机构销售。

向中国出口的农药应当附具中文标签、说明书，符合产品质量标准，并经出入境检验检疫部门依法检验合格。禁止进口未取得农药登记证的农药。

办理农药进出口海关申报手续，应当按照海关总署的规定出示相关证明文件。

第五章　农 药 使 用

第三十条　县级以上人民政府农业主管部门应当加强农药使用指导、服务工作，建立健全农药安全、合理使用制度，并按照预防为主、综合防治的要求，组织推广农药科学使用技术，规范农药使用行为。林业、粮食、卫生等部门应当加强对林业、储粮、卫生用农药安全、合理使用的技术指导，环境保护主管部门应当加强对农药使用过程中环境保护和污染防治的技术指导。

第三十一条　县级人民政府农业主管部门应当组织植物保护、农业技术推广等机构向农药使用者提供免费技术培训，提高农药安全、合理使用水平。

国家鼓励农业科研单位、有关学校、农民专业合作社、供销合作社、农业社会化服务组织和专业人员为农药使用者提供技术服务。

第三十二条　国家通过推广生物防治、物理防治、先进施药器械等措施，逐步减少农药使用量。

县级人民政府应当制定并组织实施本行政区域的农药减量计划；对实施农药减量计划、自愿减少农药使用量的农药使用者，给予鼓励和扶持。

县级人民政府农业主管部门应当鼓励和扶持设立专业化病虫害防治服务组织，并对专业化病虫害防治和限制使用农药的配药、用药进行指导、规范和管理，提高病虫害防治水平。

县级人民政府农业主管部门应当指导农药使用者有计划地轮换使用农药，减缓危害农业、林业的病、虫、草、鼠和其他有害生物的抗药性。

乡、镇人民政府应当协助开展农药使用指导、服务工作。

第三十三条　农药使用者应当遵守国家有关农药安全、合理使用制度，妥善保管农药，并在配药、用药过程中采取必要的防护措施，避免发生农药使用事故。

限制使用农药的经营者应当为农药使用者提供用药指导，并逐步提供统一用药服务。

第三十四条　农药使用者应当严格按照农药的标签标注的使用范围、使用方法和剂量、使用技术要求和注意事项使用农药，不得扩大使用范围、加大用药剂量或者改变使用方法。

农药使用者不得使用禁用的农药。

标签标注安全间隔期的农药，在农产品收获前应当按照安全间隔期的要求停止使用。

剧毒、高毒农药不得用于防治卫生害虫，不得用于蔬菜、瓜果、茶叶、菌类、中草药材的生产，不得用于水生植物的病虫害防治。

第三十五条　农药使用者应当保护环境，保护有益生物和珍稀物种，不得在饮用水水源保护区、河道内丢弃农药、农药包装物或者清洗施药器械。

严禁在饮用水水源保护区内使用农药，严禁使用农药毒鱼、虾、鸟、兽等。

第三十六条　农产品生产企业、食品和食用农产品仓储企业、专业化病虫害防治服务组织和从事农产品生产的农民专业合作社等应当建立农药使用记录，如实记录使用农药的时间、地点、对象以及农药名称、用量、生产企业等。农药使用记录应当保存 2 年以上。

国家鼓励其他农药使用者建立农药使用记录。

第三十七条　国家鼓励农药使用者妥善收集农药包装物等废弃物；农药生产企业、农药经营者应当回收农药废弃物，防止农药污染环境和农药中毒事故的发生。具体办法由国务院环境保护主管部门会同国务院农业主管部门、国务院财政部门等部门制定。

第三十八条　发生农药使用事故，农药使用者、农药生产企业、农药经营者和其他有关人员应当及时报告当地农业主管部门。

接到报告的农业主管部门应当立即采取措施，防止事故扩大，同时通知有关部门采取相应措施。造成农药中毒事故的，由农业主管部门和公安机关依照职责权限组织调查处理，卫生主管部门应当按照国家有关规定立即对受到伤害的人员组织医疗救治；造成环境污染事故的，由环境保护等有关部门依法组织调查处理；造成储粮药剂使用事故和农作物药害事故的，分别由粮食、农业等部门组织技术鉴定和调查处理。

第三十九条　因防治突发重大病虫害等紧急需要，国务院农业主管部门可以决定临时生产、使用规定数量的未取得登记或者禁用、限制使用的农药，必要时应当会同国务院对外贸易主管部门决定临时限制出口或者临时进口规定数量、品种的农药。

前款规定的农药，应当在使用地县级人民政府农业主管部门的监督和指导下使用。

第六章　监 督 管 理（略）

第七章　法 律 责 任（略）

第八章　附　　则

第六十五条　申请农药登记的，申请人应当按照自愿有偿的原则，与登记试验单位协商确定登记试验费用。

第六十六条　本条例自 2017 年 6 月 1 日起施行。

附录 C　农药包装废弃物回收处理管理办法

第一章　总　　则

第一条　为了防治农药包装废弃物污染，保障公众健康，保护生态环境，根据《中华人民共和国土壤污染防治法》《中华人民共和国固体废物污染环境防治法》《农药管理条例》等法律、行政法规，制定本办法。

第二条　本办法适用于农业生产过程中农药包装废弃物的回收处理活动及其监督管理。

第三条　本办法所称农药包装废弃物，是指农药使用后被废弃的与农药直接接触或含有农药残余物的包装物，包括瓶、罐、桶、袋等。

第四条　地方各级人民政府依照《中华人民共和国土壤污染防治法》的规定，组织、协调、督促相关部门依法履行农药包装废弃物回收处理监督管理职责，建立健全回收处理体系，统筹推进农药包装废弃物回收处理等设施建设。

第五条　县级以上地方人民政府农业农村主管部门负责本行政区域内农药生产者、经营者、使用者履行农药包装废弃物回收处理义务的监督管理。

县级以上地方人民政府生态环境主管部门负责本行政区域内农药包装废弃物回收处理活动环境污染防治的监督管理。

第六条　农药生产者（含向中国出口农药的企业）、经营者和使用者应当积极履行农药包装废弃物回收处理义务，及时回收农药包装废弃物并进行处理。

第七条　国家鼓励和支持行业协会在农药包装废弃物回收处理中发挥组织协调、技术指导、提供服务等作用，鼓励和扶持专业化服务机构开展农药包装废弃物回收处理。

第八条　县级以上地方人民政府农业农村和生态环境主管部门应当采取多种形式，开展农药包装废弃物回收处理的宣传和教育，指导农药生产者、经营者和专业化服务机构开展农药包装废弃物的回收处理。

鼓励农药生产者、经营者和社会组织开展农药包装废弃物回收处理的宣传和培训。

第二章　农药包装废弃物回收

第九条　县级以上地方人民政府农业农村主管部门应当调查监测本行政区域内农药包装废弃物产生情况，指导建立农药包装废弃物回收体系，合理布设县、乡、村农药包装废弃物回收站（点），明确管理责任。

第十条　农药生产者、经营者应当按照“谁生产、经营，谁回收”的原则，履行相应的农药包装废弃物回收义务。农药生产者、经营者可以协商确定农药包装废弃物回收义务的具体履行方式。

农药经营者应当在其经营场所设立农药包装废弃物回收装置，不得拒收其销售农药的包装废弃物。

农药生产者、经营者应当采取有效措施，引导农药使用者及时交回农药包装废弃物。

第十一条　农药使用者应当及时收集农药包装废弃物并交回农药经营者或农药包装废弃物回收站（点），不得随意丢弃。

农药使用者在施用过程中，配药时应当通过清洗等方式充分利用包装物中的农药，减少残留农药。

鼓励有条件的地方，探索建立检查员等农药包装废弃物清洗审验机制。

第十二条　农药经营者和农药包装废弃物回收站（点）应当建立农药包装废弃物回收台账，记录农药包装废弃物的数量和去向信息。回收台账应当保存两年以上。

第十三条　农药生产者应当改进农药包装，便于清洗和回收。

国家鼓励农药生产者使用易资源化利用和易处置包装物、水溶性高分子包装物或者在环境中可降解的包装物，逐步淘汰铝箔包装物。鼓励使用便于回收的大容量包装物。

第三章　农药包装废弃物处理

第十四条　农药经营者和农药包装废弃物回收站（点）应当加强相关设施设备、场所的管理和维护，对收集的农药包装废弃物进行妥善贮存，不得擅自倾倒、堆放、遗撒农药包装废弃物。

第十五条　运输农药包装废弃物应当采取防止污染环境的措施，不得丢弃、遗撒农药包装废弃物，运输工具应当满足防雨、防渗漏、防遗撒要求。

第十六条　国家鼓励和支持对农药包装废弃物进行资源化利用；资源化利用以外的，应当依法依规进行填埋、焚烧等无害化处置。

资源化利用按照“风险可控、定点定向、全程追溯”的原则，由省级人民政府农业农村主管部门会同生态环境主管部门结合本地实际需要确定资源化利用单位，并向社会公布。资源化利用不得用于制造餐饮用具、儿童玩具等产品，防止危害人体健康。资源化利用单位不得倒卖农药包装废弃物。

县级以上地方人民政府农业农村主管部门、生态环境主管部门指导资源化利用单位利用处置回收的农药包装废弃物。

第十七条　农药包装废弃物处理费用由相应的农药生产者和经营者承担；农药生产者、经营者不明确的，处理费用由所在地的县级人民政府财政列支。

鼓励地方有关部门加大资金投入，给予补贴、优惠措施等，支持农药包装废弃物回收、贮存、运输、处置和资源化利用活动。

第四章　法 律 责 任

第十八条　县级以上人民政府农业农村主管部门或生态环境主管部门未按规定履行职责的，对直接负责的主管人员和其他直接责任人依法给予处分；构成犯罪的，依法追究刑事责任。

第十九条　农药生产者、经营者、使用者未按规定履行农药包装废弃物回收处理义务的，由地方人民政府农业农村主管部门按照《中华人民共和国土壤污染防治法》第八十八条规定予以处罚。

第二十条　农药包装废弃物回收处理过程中，造成环境污染的，由地方人民政府生态环境主管部门按照《中华人民共和国固体废物污染环境防治法》等法律的有关规定予以处罚。

第二十一条　农药经营者和农药包装废弃物回收站（点）未按规定建立农药包装废弃物回收台账的，由地方人民政府农业农村主管部门责令改正；拒不改正或者情节严重的，可处二千元以上二万元以下罚款。

第五章　附　　则

第二十二条　本办法所称的专业化服务机构，指从事农药包装废弃物回收处理等经营活动的机构。

第二十三条　本办法自2020年10月1日起施行。

参 考 文 献

[1] 曹挥，张利军，王美琴. 核桃病虫害防治彩色图说［M］. 北京：化学工业出版社，2014.

[2] 孙瑞红，张勇，王会芳. 果树病虫害安全防治［M］. 北京：中国科学技术出版社，2018.

[3] 孙瑞红，武海斌. 图说枣病虫害诊断与防治［M］. 北京：机械工业出版社，2019.

[4] 陈川，李兴权，杨美霞，等. 陕西省核桃害虫种类调查及主要害虫的防治技术［J］. 农学学报，2015，5（9）：64-68.

[5] 陈友吾，叶华琳，沈建军，等. 浙江省美国山核桃害虫及天敌资源调查［J］. 浙江林业科技，2015，35（1）：54-59.

[6] 冯晓娟，李文祥. 核桃仁霉烂病发生原因及防治措施［J］. 农业科技与信息，2009（3）：38.

[7] 郝常华. 白蛾周氏啮小蜂对美国白蛾的林间控制效果［J］. 辽宁林业科技，2019（1）：29-31.

[8] 胡龙龙，马玉林. 防治核桃潜叶蛾药剂筛选试验［J］. 山西果树，2017（2）：5-6.

[9] 及增发，刘慧，高倩，等. 核桃树主要病虫害防控技术［J］. 河北果树，2021（1）：35-36，39.

[10] 姜秀华，张治海，王金红，等. 樗蚕生物学特性研究［J］. 河北林业科技，2002（2）：1-3.

[11] 康斌，任志勇，李林. 陇南市核桃害虫发生概况及综合防治策略［J］. 山西果树，2011（2）：35-36.

[12] 丁文轩，李学强，潘呈祥，等. 核桃炭疽病防治的药剂筛选［J］. 北方园艺，2021（2）：30-36.

[13] 李晓晨，李建中，郭磊. 核桃病虫害防治周年管理要点［J］. 果农之友，2015（4）：31-32.

[14] 李玉荣，杨阜俊，袭娟，等. 核桃举肢蛾在章丘地区发生规律的研究［J］. 落叶果树，2020，52（4）：47-49.

[15] 刘玉垠，石贵涪，赵小娜，等. 陕南地区核桃主干害虫——天牛的危害与防治［J］. 陕西林业科技，2020，48（1）：101-104.

[16] 罗治建，徐永杰，陈亮，等. 湖北省核桃病虫害发生现状及防治对策［J］. 湖北林业科技，2016，45（3）：4-7.

[17] 潘伟华，张胜娟，王方，等. 危害山核桃的小蠹种类及防治［J］. 华东森林经理，2018，32（2）：58-60.

[18] 谯天敏，王丽，朱天辉. 核桃细菌性黑斑病杀菌剂筛选及药效研究［J］. 植物保护，2020，46（4）：258-263，269.

[19] 曲文文，杨克强，刘会香，等. 山东省核桃主要病害及其综合防治［J］. 植物保护，2011，37（2）：136-140.

[20] 任志勇，王明霞，吕瑞娥，等. 甘肃陇南核桃病虫害及其天敌昆虫的调查初报［J］. 中国植保导刊，2020，40（9）：56-62.

[21] 舒凝碧，黄谦. 我省核桃常见的病虫种类［J］. 云南林业科技，1985（1）：42-47，50.

[22] 宋开艳，孔卫红. 喀什地区核桃树黄刺蛾的危害规律及防治措施［J］. 新疆林业，2019（1）：42.

[23] 孙瑞红，姜莉莉，于婷娟，等. 济南南部山区核桃病虫害发生特点与绿色防控方案［J］. 特种经济动植物，2020，23（4）：49-52.

[24] 孙瑞红，宫庆涛，武海斌，等. 山东省桃树病虫害的发生情况与防控措施［J］. 落叶果树，2019，51（3）：40-42.

[25] 孙瑞红，武海斌，宫庆涛，等. 利用昆虫病原线虫防治几种果树害虫的关键技术［J］. 落叶果树，2018，50（5）：40-41.

[26] 唐养璇. 核桃潜叶蛾的生活史研究［J］. 商洛师范专科学校学报，2004，18（4）：44-46.

[27] 田雪亮，单长卷，吴雪平. 核桃仁霉烂病病原菌鉴定及生物学特性研究［J］. 安徽农业科学，2006，34（15）：3732，3735.

[28] 王奎，刘丽君，蔡卫东. 我国核桃虫害研究综述［J］. 绿色科技，2015（4）：68-73.

[29] 王瀚，卓平清，王让军，等. 甘肃陇南核桃黑斑病病原菌的分离鉴定及其致病性研究［J］. 中国果树，2018（4）：69-71.

[30] 王清海，李广强，刘幸红，等. 核桃炭疽病在山东地区季节流行动态及防治措施［J］. 西部林业科学，2017，46（5）：13-17.

[31] 汪筱雪，韦继光，杨振德，等. 广西西北部核桃真菌性病害调查及核

桃炭疽病防治试验［J］. 南方农业学报，2018，49（8）：1531-1540.

［32］文丽华，刘海青，马润生，等. 楞蚕生物学特性的研究及防治技术［J］. 天津农林科技，2001（6）：3-5.

［33］武海斌，付丽，姜莉莉，等. 泰安市核桃园主要病虫害发生情况及其化学防治用药流程［J］. 植物保护学报，2020，47（5）：1122-1130.

［34］杨莉，李丕军，朱莲，等. 核桃不同品种对褐斑病抗性调查及化学防治药剂的筛选［J］. 中国森林病虫，2018，37（4）：39-42.

［35］杨莉，杨双昱，麻文建，等. 核桃褐斑病病原菌的分离鉴定和发病规律的调查［J］. 林业科学研究，2017，30（6）：1004-1008.

［36］叶慰仓，王根宪. 核桃果实病虫害的综合防治［J］. 西北园艺（果树），2013（4）：36-37.

［37］曾全，陈志宏，王戍勃，等. 川北地区核桃介壳虫的鉴定及最适防治时期研究［J］. 四川林业科技，2020，41（4）：8-12.

［38］张承胤，唐欣甫，张文忠，等. 北京地区核桃主要病害的发生规律与防治措施［J］. 山西果树，2012（2）：25-26.

［39］张知晓，季梅，户连荣，等. 云南省核桃果实病害调查及真菌病原形态鉴定［J］. 湖北农业科学，2020，59（20）：91-96.

［40］张晓瑞，高智辉，王云果，等. 陇县核桃小吉丁虫危害及绿色防控技术［J］. 陕西林业科技，2016（2）：100-103，110.

［41］郑瑞亭. 核桃小吉丁虫研究初报［J］. 昆虫学报，1975，18（1）：52-56.

［42］周鹏飞，张进德，汪海，等. 陇南核桃介壳虫的调查与防治［J］. 福建林业科技，2017，44（4）：85-87.

［43］朱林慧，段慧娟，方小英，等. 核桃云斑天牛成虫取食和产卵寄主选择的初步研究［J］. 农业研究与应用，2019，32（4）：1-4.